BALADE MENTALE HOOBOOH

LE GRAND SILENCE

MAIS OÙ SONT LES EXTRATERRESTRES ?

Collection dirigée par
Louis Vendel et Manor Askenazi

Robert Laffont

LA PLUPART DES EXTRATERRESTRES NE CROIENT PAS AUX HUMAINS.

BONJOUR À TOUS ET BIENVENUE !
AUJOURD'HUI DANS « DÉRIVE STELLAIRE »...
... NOUS ALLONS ABORDER UNE QUESTION QUE TOUT LE MONDE S'EST POSÉE AU MOINS UNE FOIS...

Y A T-IL DE LA VIE AILLEURS QUE SUR
NOTRE CHÈRE PLANÈTE TERRE ?

ON FANTASME SOUVENT SUR
CES EXTRATERRESTRES QUI
FONT PARTIE INTÉGRANTE DE
NOTRE CULTURE POPULAIRE.
CERTAINS
DISENT MÊME
EN AVOIR APERÇU DE
LEURS PROPRES YEUX !

POURTANT QUAND ON SE TOURNE VERS LES ÉTOILES ...
... ET QU'ON TEND L'OREILLE...
... ON N'ENTEND RIEN.
LE COSMOS EST TOTALEMENT SILENCIEUX ET POUR BEAUCOUP DE SCIENTIFIQUES C'EST ABSOLUMENT ANORMAL !
POUR BIEN COMPRENDRE CETTE ÉTRANGETÉ, IL FAUT PRENDRE EN COMPTE...

LE
NOMBRE
DE
MONDES

NOUS HABITONS LA TERRE.
L'EAU RECOUVRANT 71% DE SA SURFACE, NOUS L'APPELONS « PLANÈTE BLEUE ».

LA TERRE APPARTIENT À UN SYSTÈME COMPOSÉ D'UNE ÉTOILE, LE SOLEIL, ET DE HUIT PLANÈTES GRAVITANT AUTOUR D'ELLE.
CEINTURE D'ASTÉROÏDES
SOLEIL
MERCURE
VÉNUS
TERRE
JUPITER
MARS
SATURNE
NEPTUNE
URANUS
C'EST LE SYSTÈME SOLAIRE.

MAIS LE SYSTÈME SOLAIRE EST LOIN D'ÊTRE SEUL DANS LE COSMOS !

L'UNIVERS ABRITE EN EFFET DES MILLIARDS D'AUTRES ÉTOILES.
CERTAINES VOGUENT SEULES, ET SONT DÉPOURVUES DE PLANÈTES.
D'AUTRES, À L'IMAGE DE NOTRE SOLEIL, COMPTENT UNE OU PLUSIEURS PLANÈTES GRAVITANT AUTOUR D'ELLES.
ON PARLE ALORS DE SYSTÈMES STELLAIRES.
TOUTES CES ÉTOILES ET CES SYSTÈMES STELLAIRES QUI NOUS ENTOURENT FONT PARTIE D'UN ENSEMBLE ENCORE PLUS GRAND.
POUR MIEUX COMPRENDRE, IL VA NOUS FALLOIR PRENDRE UN PEU DE HAUTEUR.
DASSH!

VOICI NOTRE GALAXIE, LA VOIE LACTÉE. C'EST UN VASTE ENSEMBLE DE SYSTÈMES STELLAIRES, DE GAZ, DE POUSSIÈRES ET DE TROUS NOIRS QUI S'ORGANISENT EN FORME DE SPIRALE.
BRAS DE SAGITTAIRE
BRAS D'ORION
BRAS DE PERCÉE
BRAS DU CYGNE
ON Y RETROUVE NOTAMMENT NOTRE SYSTÈME SOLAIRE.

MAIS NOTRE GALAXIE N'EST QU'UNE PARMI TANT D'AUTRES, AU SEIN DE NOTRE UNIVERS OBSERVABLE ON N' EN DÉNOMBRE PAS MOINS DE 2000 MILLIARDS.
IL NE FAUT PAS AVOIR LE VERTIGE !

MAIS RESTONS SUR LA NÔTRE, IL Y A DÉJÀ BEAUCOUP À EN DIRE.
NOUS...
PLOUF
... CE QUI NOUS INTÉRESSE...
... CE SONT LES PLANÈTES QUI PEUPLENT NOTRE GALAXIE ET SONT SUSCEPTIBLES D'ACCUEILLIR DES FORMES DE VIE EXTRATERRESTRE !
À L'INVERSE DES ÉTOILES QUI SONT DES BOULES DE PLASMA INCANDESCENTES, LES PLANÈTES NE BRILLENT PAS, IL EST DONC PLUS DIFFICILE DE LES DÉTECTER.
ON EST BIEN PLANQUÉES LÀ.
NOUS EN AVONS POURTANT IDENTIFIÉ PLUS DE 5500 À CE JOUR ! ET CE NOMBRE NE CESSE D'AUGMENTER CAR, EN MOYENNE, UNE NOUVELLE PLANÈTE EST DÉCOUVERTE CHAQUE SEMAINE.
HELLOOOOO

PAR AILLEURS, ON ESTIME QUE DEUX PLANÈTES TOURNENT AUTOUR DE CHAQUE ÉTOILE EN MOYENNE.
PLANÈTE 1
ÉTOILE
PLANÈTE 2
NOTRE GALAXIE COMPTANT ENVIRON 200 MILLIARDS D'ÉTOILES, ELLE DEVRAIT DONC ABRITER À PEU PRÈS 400 MILLIARDS DE PLANÈTES !
MAINTENANT SOYONS PESSIMISTES ET IMAGINONS QUE SEULEMENT 10% DE CES 200 MILLIARDS D'ÉTOILES ABRITENT AUTOUR D'ELLES UNE OU PLUSIEURS PLANÈTES.
90% D'ASPIRATION ACTIVÉ
WOOOSH
ON SE RETROUVE TOUT DE MÊME AVEC 20 MILLIARDS DE SYSTÈMES STELLAIRES !
20M

UN DERNIER DÉTAIL !
ON PENSE QUE POUR QUE DE LA VIE SE DÉVELOPPE SUR UNE PLANÈTE IL FAUT QUE CELLE-CI POSSÈDE DE L'EAU LIQUIDE EN SURFACE.
POUR CELA IL FAUT QUE LA PLANÈTE NE SOIT NI TROP CHAUDE NI TROP FROIDE. ELLE SE RETROUVE ALORS DANS CE QU'ON APPELLE «LA ZONE HABITABLE».
METTONS QUE SEULEMENT 10% DES 20 MILLIARDS DE SYSTÈMES STELLAIRES ABRITENT UNE PLANÈTE SE TROUVANT DANS LA ZONE HABITABLE.
90% D'EXPULSION ACTIVÉ
ON SE RETROUVERAIT TOUT DE MÊME AVEC 2 MILLIARDS DE SYSTÈMES STELLAIRES COMPTANT DES PLANÈTES SUSCEPTIBLES D'ACCUEILLIR DE LA VIE !
2M

POUSSONS L'EXERCICE ENCORE UN PEU PLUS LOIN ! SI LA VIE EXTRATERRESTRE N'APPARAÎT QUE SUR 0,0005 % DE CES PLANÈTES POTENTIELLEMENT HABITABLES...
99,9995 % D'EXPULSION ACTIVÉ
ON DEVRAIT SE RETROUVER AVEC 10 000 CIVILISATIONS EXTRATERRESTRES...
... LÀ MAINTENANT, DANS NOTRE SEULE GALAXIE.
10.000
ALORS POURQUOI, QUAND ON TEND L'OREILLE VERS L'ESPACE, TOUT CE QU'ON PEUT ENTENDRE N'EST QU'UN...

…GRAND SILENCE ?

ÇA VEUT DIRE QUE LES EXTRATERRESTRES...
... EXISTENT ?!
C'EST PRÊT TOUT LE MONDE !
AH, SUPER !
À TAAABLE !

ÇA VA PAS DE CRIER COMME ÇA ?
J'ÉTAIS EN PLEINE PARTIE AVEC DES POTES.
VOUS M'FOUTEZ LA HONTE.
ET VOILÀ !
LE BON PETIT PLAT DU DIMANCHE.

ET TON PÈRE, IL MANGE AVEC NOUS ?
OH TU SAIS, IL FAUT PEU DE TEMPS AVANT QUE L'ODEUR NE PASSE LA PORTE D'ENTRÉE...
BAM
ÇA SENT DIVINEMENT BON PAR ICI !
... ET NOUS AMÈNE LES DERNIERS AFFAMÉS.

ON RAMÈNE LES SOUCOUPES PAR ICI.
SNIF
DIS PAPI...
... JE REGARDAIS L'ÉMISSION DONT TU ME PARLAIS.
ILS DISENT QU'IL POURRAIT Y AVOIR AU MOINS 10 000 CIVILISATIONS EXTRATERRESTRES, RIEN QUE DANS NOTRE GALAXIE.
C'EST VRAI ?
HAAA !! MA PETITE FILLE S'INTÉRESSE À LA GRANDE QUESTION DE L'APPARITION DE LA VIE AILLEURS DANS L'UNIVERS !
JE SENS QU'ON VA ENCORE MANGER FROID.
RELAX, C'EST DIMANCHE.

AVANT DE SE PLONGER DANS L'ÉNIGME DE L'EXISTENCE DES EXTRATERRESTRES, ON A BESOIN DE PARLER DE LEUR TERRAIN DE JEU.
SAVEZ-VOUS COMMENT SE CRÉENT LES SYSTÈMES STELLAIRES ?
ET VOILÀ, T'ES CONTENTE ? TU LUI AS FAIT POSER LA FOURCHETTE.
TOUT COMMENCE AVEC QUELQUE CHOSE D'ASSEZ SIMILAIRE À CE QUI SE TROUVE DEVANT MOI.
DES SPAGHETTI BOLO ?
POUR QU'UNE ÉTOILE S'ALLUME, IL FAUT UNE GIGANTESQUE MASSE DE GAZ.

UNE MASSE SI LOURDE QU'ELLE FINIT PAR S'EFFONDRER SOUS SON PROPRE POIDS.
LA PRESSION ET LA TEMPÉRATURE EN SON CENTRE SE FONT DE PLUS EN PLUS FORTES, JUSQU'À DONNER NAISSANCE À UNE JEUNE ÉTOILE.
TANDIS QU'AUTOUR DE CELLE-CI, UNE PARTIE DE LA MATIÈRE N'AYANT PAS ÉTÉ ABSORBÉE PAR L'ASTRE BRÛLANT S'AGGLOMÈRE POUR FORMER DES PLANÈTES...
... DE ROCHE COMME LA TERRE.
... DE GAZ COMME JUPITER.
MIOM

MMHH TES BOULETTES SONT DÉLICIEUSES. BRAVO FISTON !
J'EN PERDS MON CHEMINEMENT DE PENSÉE.
OÙ EN ÉTAIS-JE DÉJÀ ?
J'AI MODIFIÉ MA RECETTE. ÇA PREND UN PEU PLUS DE TEMPS MAIS...
MAIS OUI ! LE TEMPS !!
LE TEMPS EST UN FACTEUR DÉTERMINANT DANS LA COMPRÉHENSION DE NOTRE UNIVERS !
J'AI COMME L'IMPRESSION QUE LE TEMPS VA AUSSI ÊTRE DÉTERMINANT DANS CE DÉJEUNER.

QU'EST-CE QUE TU AS DE SI IMPORTANT À FAIRE UN DIMANCHE APRÈS-MIDI ?
ET C'EST QUOI CE CASQUE SUR LES OREILLES ? QU'EST-CE QUE TU ÉCOUTES ?
UN PODCAST SUR COMMENT SORTIR RAPIDEMENT DE TABLE EN FAMILLE.
PRENONS NOTRE SOLEIL ! QUEL ÂGE A-T-IL SELON VOUS ?
NOTRE CHÈRE ÉTOILE A 4,6 MILLIARDS D'ANNÉES !
OUAH ELLE EST MÉGA VIEILLE !
EH OH ÇA VA LÀ.
AU SEIN DE NOTRE GALAXIE, BEAUCOUP D'ÉTOILES, TOUT COMME LES PLANÈTES LEUR TOURNANT AUTOUR, SONT DONC BIEN PLUS VIEILLES QUE NOTRE SOLEIL.

IMAGINONS MAINTENANT UNE PLANÈTE QUI SE SERAIT FORMÉE 2 MILLIARDS D'ANNÉES AVANT LA NÔTRE.
ON VA L'APPELER... UNE IDÉE ?
MMMH ZIGLOBLU ?
PARFAIT.
POUR ARRIVER À SE REPRÉSENTER L'AVANCE QU'AURAIT UN MONDE SI VIEUX ON VA AVOIR BESOIN...
... D'UNE LIGNE DE TEMPS !

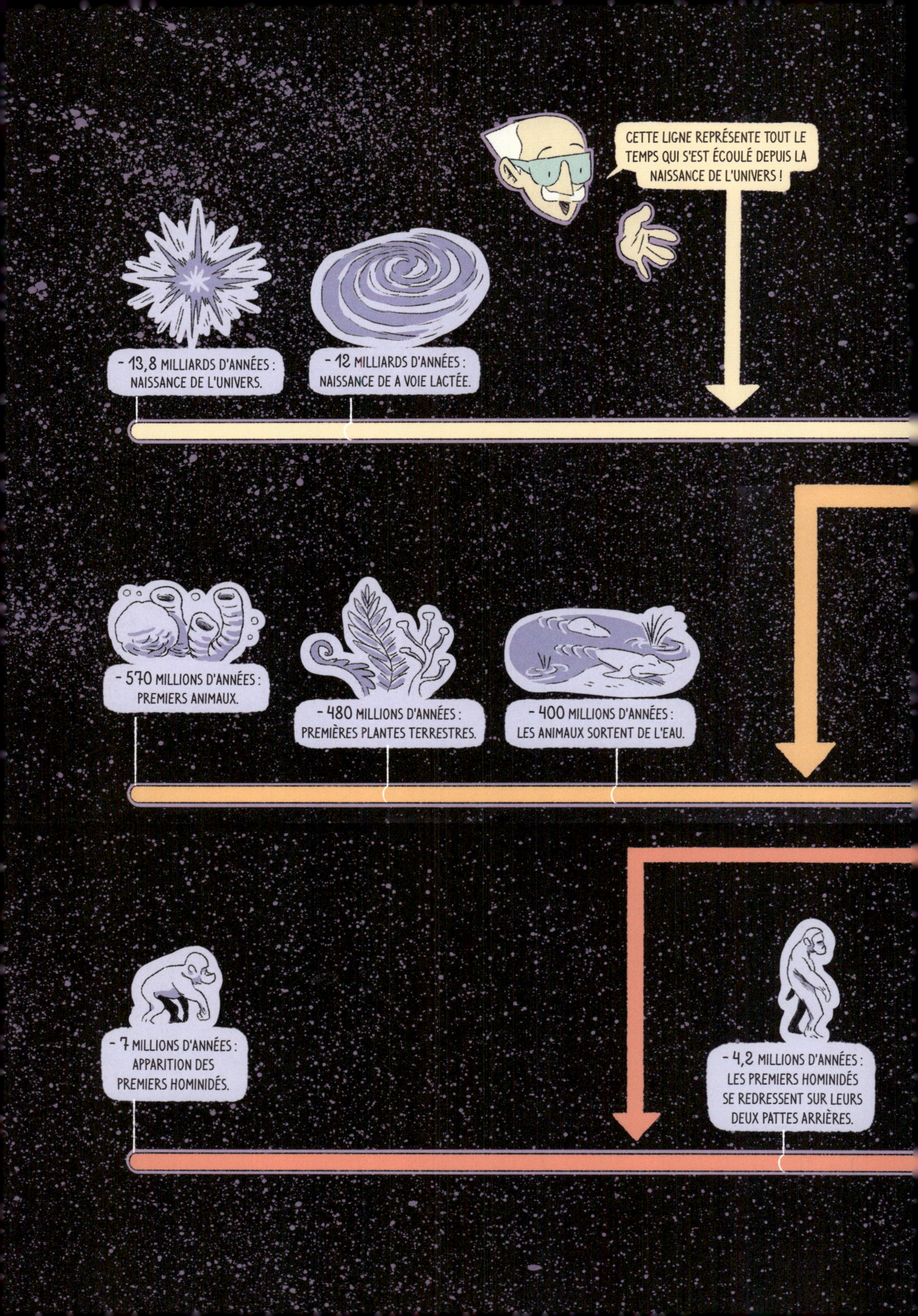
CETTE LIGNE REPRÉSENTE TOUT LE TEMPS QUI S'EST ÉCOULÉ DEPUIS LA NAISSANCE DE L'UNIVERS !
- 13,8 MILLIARDS D'ANNÉES : NAISSANCE DE L'UNIVERS.
- 12 MILLIARDS D'ANNÉES : NAISSANCE DE A VOIE LACTÉE.
- 570 MILLIONS D'ANNÉES : PREMIERS ANIMAUX.
- 480 MILLIONS D'ANNÉES : PREMIÈRES PLANTES TERRESTRES.
- 400 MILLIONS D'ANNÉES : LES ANIMAUX SORTENT DE L'EAU.
- 7 MILLIONS D'ANNÉES : APPARITION DES PREMIERS HOMINIDÉS.
- 4,2 MILLIONS D'ANNÉES : LES PREMIERS HOMINIDÉS SE REDRESSENT SUR LEURS DEUX PATTES ARRIÈRES.

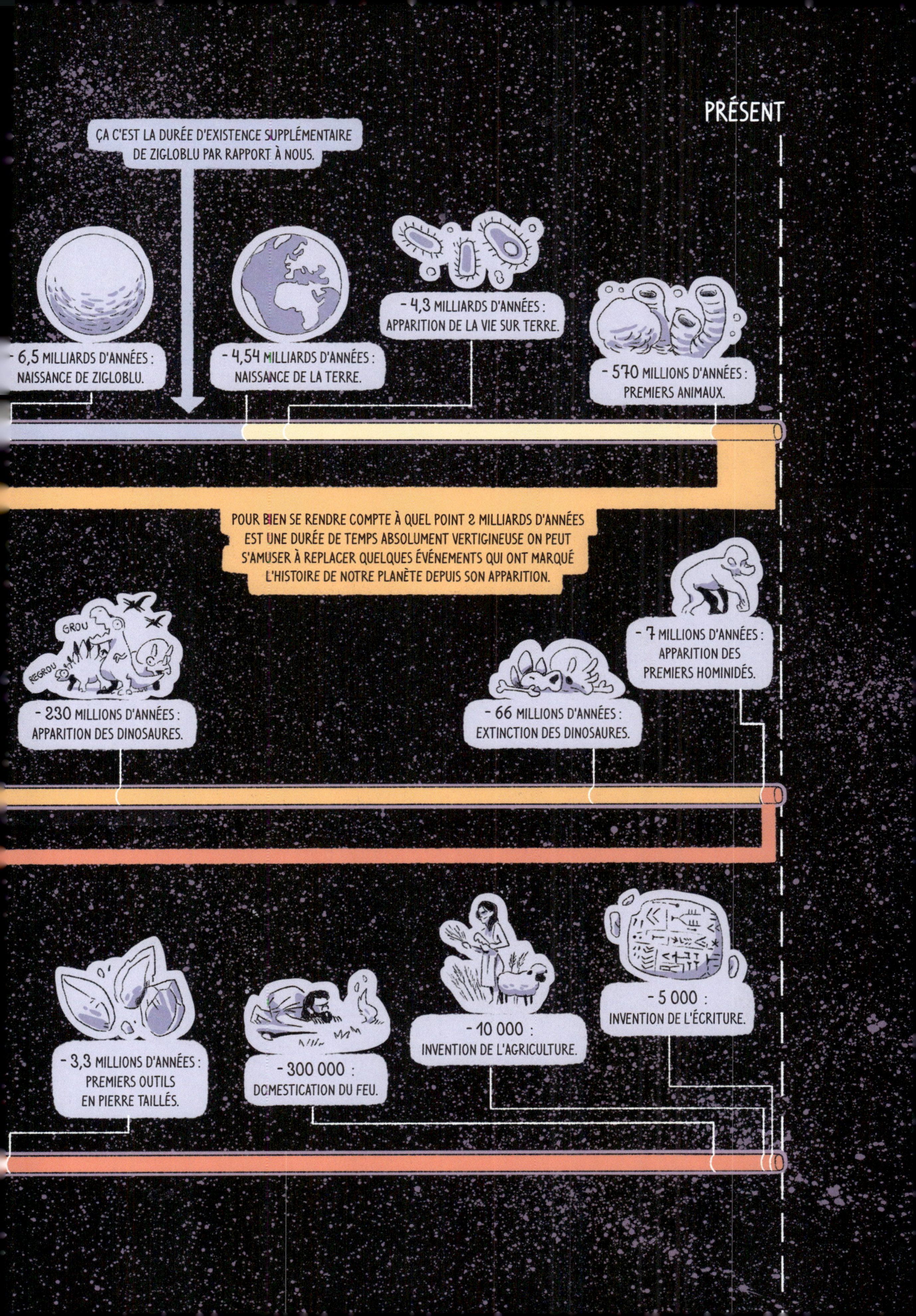
PRÉSENT
ÇA C'EST LA DURÉE D'EXISTENCE SUPPLÉMENTAIRE DE ZIGLOBLU PAR RAPPORT À NOUS.
- 6,5 MILLIARDS D'ANNÉES : NAISSANCE DE ZIGLOBLU.
- 4,54 MILLIARDS D'ANNÉES : NAISSANCE DE LA TERRE.
- 4,3 MILLIARDS D'ANNÉES : APPARITION DE LA VIE SUR TERRE.
- 570 MILLIONS D'ANNÉES : PREMIERS ANIMAUX.
POUR BIEN SE RENDRE COMPTE À QUEL POINT 2 MILLIARDS D'ANNÉES EST UNE DURÉE DE TEMPS ABSOLUMENT VERTIGINEUSE ON PEUT S'AMUSER À REPLACER QUELQUES ÉVÉNEMENTS QUI ONT MARQUÉ L'HISTOIRE DE NOTRE PLANÈTE DEPUIS SON APPARITION.
GROU
REGROU
- 230 MILLIONS D'ANNÉES : APPARITION DES DINOSAURES.
- 66 MILLIONS D'ANNÉES : EXTINCTION DES DINOSAURES.
- 7 MILLIONS D'ANNÉES : APPARITION DES PREMIERS HOMINIDÉS.
- 3,3 MILLIONS D'ANNÉES : PREMIERS OUTILS EN PIERRE TAILLÉS.
- 300 000 : DOMESTICATION DU FEU.
- 10 000 : INVENTION DE L'AGRICULTURE.
- 5 000 : INVENTION DE L'ÉCRITURE.

QUAND ON PENSE QU'AU COURS DE CES 150 DERNIÈRES ANNÉES NOUS AVONS DÉCOUVERT L'EXISTENCE DES ATOMES,...
... MARCHÉ SUR LA LUNE,...
POUIC
... ENVOYÉ DES SONDES AUX CONFINS DE NOTRE SYSTÈME SOLAIRE...
SONGEZ À CE QUE POURRAIT ACCOMPLIR UNE ESPÈCE INTELLIGENTE APPARUE 2 MILLIARDS D'ANNÉES AVANT NOUS !
ET RAPPELEZ-VOUS QU'IL EXISTE DANS L'UNIVERS DES MILLIARDS DE PLANÈTES AYANT DES MILLIARDS D'ANNÉES DE PLUS QUE LA NÔTRE.
DES CIVILISATIONS EXTRATERRESTRES AUSSI ANCIENNES NE DEVRAIENT-ELLES PAS AVOIR DEPUIS LONGTEMPS ATTEINT DES DEGRÉS DE DÉVELOPPEMENT TECHNOLOGIQUE DÉPASSANT DE LOIN NOS RÊVES LES PLUS FOUS ?
ÊTRE VISIBLES ET DÉTECTABLES DE PAR LEUR INTENSE ACTIVITÉ, VOIRE MAÎTRISER LES VOYAGES INTERSTELLAIRES ET S'ÊTRE PROPAGÉES DANS L'ESPACE JUSQU'À VENIR NOUS FAIRE UN PETIT COUCOU ?

BON, À PARTIR DE MAINTENANT LA NOURRITURE RESTE DANS LES ASSIETTES ET ON TERMINE CE DÉJEUNER DANS LE CALME.
TAP
TAP

BELLE JOURNÉE.
AUCUN NUAGE. C'EST PARFAIT POUR OBSERVER LES ÉTOILES CE SOIR.

QUELQUE CHOSE NE VA PAS MON P'TIT ASTRE ?
TOUTES CES HISTOIRES DE NOMBRE DE GALAXIES, D'EXTRATERRESTRES... ÇA DONNE UN PEU LE TOURNIS.
JE NE M'ÉTAIS JAMAIS DIT QU'ILS POUVAIENT RÉELLEMENT EXISTER...
TU SAIS, TU N'ES PAS LA PREMIÈRE À TE POSER CES QUESTIONS.
TOUT CE QUI GRAVITE AUTOUR DE CETTE ÉNIGMATIQUE ABSENCE DE PREUVE PORTE LE NOM DE...
PARADOXE DE FERMI
DU NOM DU PHYSICIEN ITALIEN ENRICO FERMI QUI FUT L'UN DES PREMIERS À METTRE LE DOIGT SUR CE MYSTÈRE.

EN 1950, LORS D'UNE CONVERSATION INFORMELLE AVEC TROIS COLLÈGUES À LA CAFÉTÉRIA DU LABORATOIRE NATIONAL DE LOS ALAMOS AUX ÉTATS-UNIS, ENRICO FERMI SOULEVA LE PARADOXE.

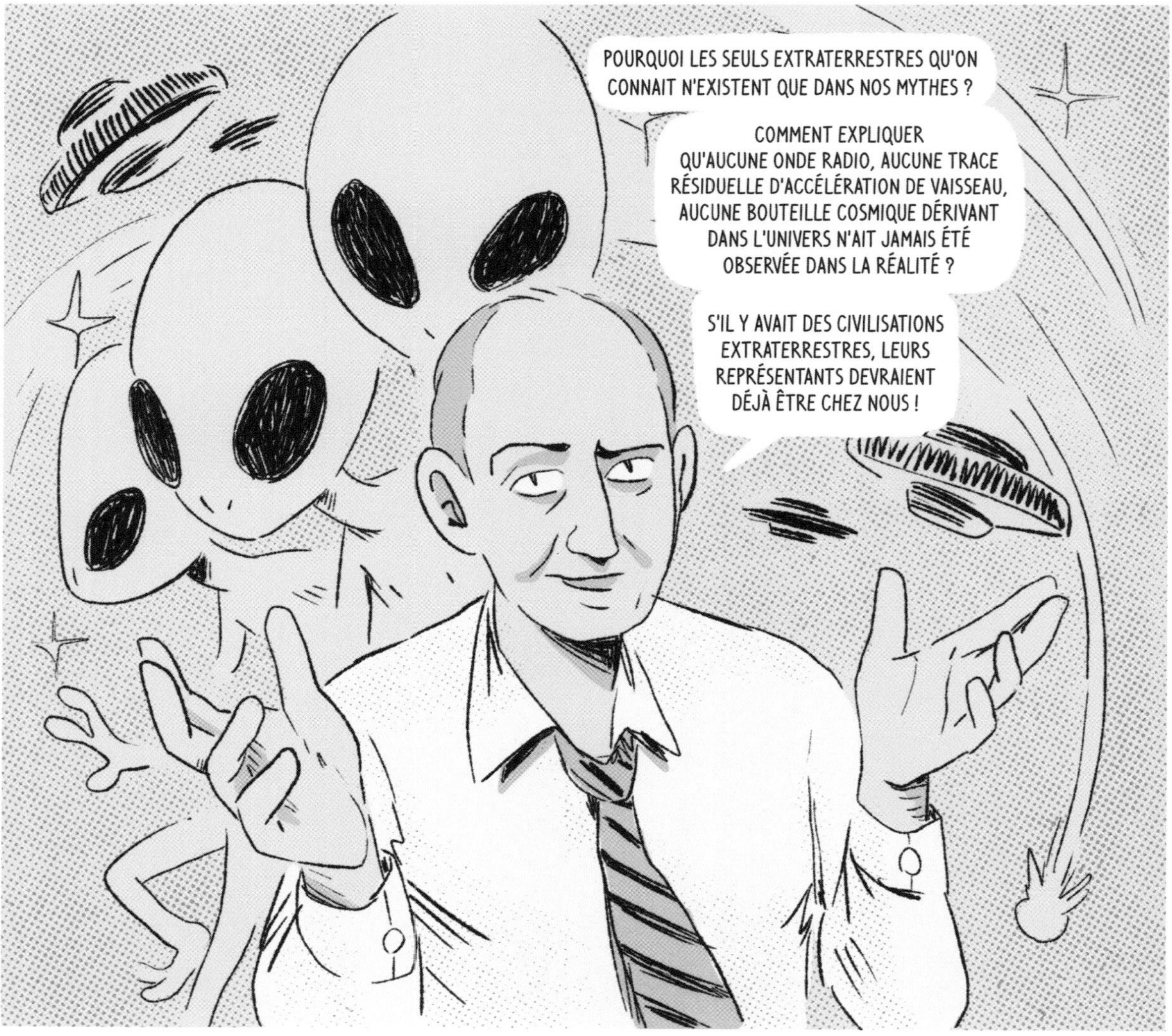
POURQUOI LES SEULS EXTRATERRESTRES QU'ON CONNAIT N'EXISTENT QUE DANS NOS MYTHES ?
COMMENT EXPLIQUER QU'AUCUNE ONDE RADIO, AUCUNE TRACE RÉSIDUELLE D'ACCÉLÉRATION DE VAISSEAU, AUCUNE BOUTEILLE COSMIQUE DÉRIVANT DANS L'UNIVERS N'AIT JAMAIS ÉTÉ OBSERVÉE DANS LA RÉALITÉ ?
S'IL Y AVAIT DES CIVILISATIONS EXTRATERRESTRES, LEURS REPRÉSENTANTS DEVRAIENT DÉJÀ ÊTRE CHEZ NOUS !

OÙ SONT-ILS DONC ?

MAIS OÙ SONT-ILS PAPI ?
ET POURQUOI ILS N'ENTRENT PAS EN CONTACT AVEC NOUS ?
UN GRAND NOMBRE D'HYPOTHÈSES TENTENT DE RÉSOUDRE CE PARADOXE.
SLURP
ÇA TE DIRAIT DE LES EXAMINER AVEC TON PAPI PRÉFÉRÉ ?
CARRÉMENT !!
PARFAIT ! MAIS AVANT DE SE PLONGER DANS LE PARADOXE DE FERMI, IL FAUT RAPPELER QUELQUE CHOSE.
ATTENTION ÇA PEUT DÉBOUSSOLER.

CONCERNANT LA POSSIBILITÉ D'UNE VIE EXTRATERRESTRE, IL N'Y A QUE DEUX OPTIONS.
OPTION 1 : IL Y A BEL ET BIEN DES FORMES DE VIE AILLEURS QUE SUR LA TERRE, MAIS POUR DES RAISONS INCONNUES, ELLES NE SONT PAS ENCORE ENTRÉES EN CONTACT AVEC NOUS.
OPTION 2 : ...
SI NOUS N'AVONS JAMAIS DÉTECTÉ D'EXTRATERRESTRES, C'EST TOUT SIMPLEMENT PARCE QU'ILS N'EXISTENT PAS.

CELA SIGNIFIERAIT QUE NOUS SOMMES ABSOLUMENT SEULS DANS NOTRE GALAXIE, ET PLUS LARGEMENT DANS L'UNIVERS TOUT ENTIER.

ALORS ?
SOMMES-NOUS SEULS DANS L'UNIVERS,...
... OU BIEN ACCOMPAGNÉS ?
CHOP
JE CHOISIS L'OPTION : « LES EXTRATERRESTRES EXISTENT. »
SINON LA BD S'ARRÊTE ICI, PAS VRAI ?
WINK WINK
PERSONNELLEMENT JE NE SUIS PAS NON PLUS UN GRAND FAN DE CETTE DEUXIÈME OPTION. ÇA FERAIT DE NOUS DES ÊTRES VIVANTS « EXCEPTIONNELS ».

ON PEUT ENFIN PASSER À LA PARTIE LA PLUS INTÉRESSANTE !
QUELLE EST LA PREMIÈRE EXPLICATION QUI TE VIENT EN TÊTE POUR EXPLIQUER L'ABSENCE DE SIGNAUX EXTRATERRESTRES ?
MMMH, JE DIRAIS QUE...
L'ESPACE C'EST GRAND

ON PEUT EN EFFET IMAGINER QUE CE GRAND SILENCE S'EXPLIQUE PAR L'AMPLEUR DES DISTANCES QUI NOUS SÉPARENT DES AUTRES MONDES.
AUCUNE DES ÉTOILES QUI PEUPLENT NOTRE CIEL NE NOUS EST ACCESSIBLE AVEC NOS TECHNOLOGIES ACTUELLES...
MAIS DES CIVILISATIONS EXTRATERRESTRES AVEC DES MILLIONS D'ANNÉES D'AVANCE SUR NOUS POURRAIENT AVOIR EU LE TEMPS DE TROUVER DES SOLUTIONS POUR SE DÉPLACER PLUS RAPIDEMENT ENTRE LES ÉTOILES.
ÇA Y EST CHEWBAGLOUP ! ON VA ENFIN POUVOIR UTILISER CETTE VITESSE LUMIÈRE !
LA GALAXIE EST À NOUS !!
GROUMPF
C'EST ÇA, GROUMPF.
MÊME S'IL EST ÉGALEMENT POSSIBLE QUE COMME NOUS, CES ESPÈCES SOIENT LIMITÉES PAR LEUR NATURE BIOLOGIQUE, ET QU'IL LEUR SOIT IMPOSSIBLE DE SURVIVRE À DES VOYAGES DE TRÈS LONGUE DURÉE DANS L'ESPACE.
ALLO ? HAN GLOLO ?
CHEWBAGLOUP ?
IL Y A QUELQU'UN ?

MAIS ILS POURRAIENT ÊTRE SUFFISAMMENT AVANCÉS POUR TROUVER COMMENT CONSERVER LEUR CORPS DURANT LE TRAJET NON ?
PEUT-ÊTRE... IL SE POURRAIT AUSSI QU'IL NE SOIT PAS NÉCESSAIRE D'ENTREPRENDRE LES VOYAGES INTERSTELLAIRES PAR SOI-MÊME !
CERTAINS SCIENTIFIQUES SE SONT MÊME AMUSÉS À MONTRER QU'IL EST TOUT À FAIT POSSIBLE POUR UNE CIVILISATION DE VISITER L'ENSEMBLE DE NOTRE GALAXIE EN UN TEMPS RELATIVEMENT COURT POUR PEU QU'ELLE SOIT CAPABLE DE FABRIQUER DES SONDES AUTO-RÉPLIQUANTES.
UNE SONDE SPATIALE QUI SERAIT CAPABLE DE SE RÉPLIQUER ELLE-MÊME À PARTIR DE MATIÈRES PREMIÈRES TROUVÉES LÀ OÙ ELLE EST ENVOYÉE.
MIOM
HÉHÉ IT'S ALIIIIVE !
DES MACHINES AUTONOMES CAPABLES DE CONSTRUIRE D'AUTRES MACHINES AUTONOMES QUI SE RÉPANDRAIENT DE FAÇON EXPONENTIELLE DANS L'UNIVERS !
JE PARS À DROITE !
MOI À GAUCHE !
ON PENSE QUE CE GENRE DE SONDES POURRAIENT VISITER L'ENSEMBLE DE NOTRE VOIE LACTÉE EN UNE VINGTAINE DE MILLIONS D'ANNÉES !
PRENDS ÇA CHRISTOPHE COLOMB !
?
UN BATTEMENT D'AILES À L'ÉCHELLE DES TEMPS COSMIQUES !
IL SUFFIRAIT QU'UNE SEULE CIVILISATION SOIT CAPABLE DE METTRE AU POINT CE GENRE DE TECHNOLOGIE POUR QUE L'ENSEMBLE DES PLANÈTES DE LA GALAXIE SE RETROUVENT VISITÉES !

AVEC 2 MILLIARDS D'ANNÉES D'AVANCE SUR NOUS ILS PEUVENT BIEN L'INVENTER CETTE BOÎTE MAGIQUE, NON ?
PEUT ÊTRE, MAIS TU OUBLIES UN PETIT DÉTAIL QUI PÈSE SÉRIEUSEMENT DANS LA BALANCE.
CE QUI NOUS AMÈNE À UNE AUTRE HYPOTHÈSE...

LES RESSOURCES D'UNE PLANÈTE NE SONT PAS INFINIES

PRENONS UN EXEMPLE CONCRET: DURANT LA GUERRE FROIDE, L'URSS ET LES ÉTATS-UNIS ÉTAIENT AU COUDE À COUDE POUR DEVENIR LA PREMIÈRE NATION À FOULER LE SOL DE NOTRE SATELLITE.
LA LUNE !
LE 20 JUILLET 1969 APRÈS UN TRAJET DE 4 JOURS, LES AMÉRICAINS GAGNENT CE BRAS DE FER.
AU COURS DES ANNÉES QUI SUIVRONT, 10 AUTRES ASTRONAUTES POSERONT LES PIEDS SUR LA LUNE.
L'ENSEMBLE DES MISSIONS DU PROGRAMME APOLLO A COÛTÉ L'ÉQUIVALENT DE LA MODIQUE SOMME DE 300 MILLIARDS DE DOLLARS DE NOS JOURS !
AU TOTAL, 6 MISSIONS IRONT SE POSER SUR LA LUNE.

LE PROGRAMME APOLLO AURA DURÉ PRÈS DE 11 ANS...
... 400 000 PERSONNES AURONT TRAVAILLÉ À RENDRE POSSIBLE CE PROJET...
... AFIN QUE QUELQUES HUMAINS PUISSENT ALLER DANS L'ESPACE.
CECI ÉTANT DIT, PROCÉDONS MAINTENANT À UNE COMPARAISON ASSEZ SIMPLE.
JE TE PRÉSENTE «PROXIMA DU CENTAURE».
ELLE EST JUSTE LÀ, PRÈS DU SABOT.
C'EST L'ÉTOILE QUI EST LA PLUS PROCHE DE NOTRE SYSTÈME SOLAIRE.
CONSTELLATION DU CENTAURE
SACHANT QU'ALLER SUR LA LUNE NOUS A PRIS 4 JOURS...
AVEC LA MÊME TECHNOLOGIE, IL NOUS FAUDRAIT PRÈS DE 1 MILLION D'ANNÉES POUR ATTEINDRE CETTE ÉTOILE.

D'APRÈS TOI, UNE CIVILISATION EXTRATERRESTRE POURRAIT-ELLE RÉUSSIR UN TEL EXPLOIT ?
QUELQUE PART SUR LA PLANÈTE TWITTORA...
... LE CHEF SUPRÊME ELOL MEUX TIENT UNE RÉUNION CAPITALE.
ALORS MON BON X-3546, OÙ EN SOMMES-NOUS ?
SELON NOS CALCULS, POUR ATTEINDRE LA PLANÈTE TERRE, IL FAUDRAIT MOBILISER LA TOTALITÉ DE NOTRE POPULATION SUR 500 GÉNÉRATIONS ET UTILISER 95% DES RESSOURCES DE TWITTORA.
... IL FAUT AUSSI PRENDRE EN COMPTE L'ARRIVÉE, EN ESPÉRANT QUE LES TERRIENS N'AIENT PAS UNE GRANDE PUISSANCE DÉFENSIVE...
ET BAH, AU BOULOT.
QU'EST-CE QUE VOUS FAITES ENCORE LÀ ?
AU BOULOT !
NYAHAHAHAHAHAH
AHAHAHAHAHAH
OK, CE N'EST PAS L'OPTION LA PLUS PROBABLE...
MAIS IL DOIT BIEN Y AVOIR UN MOYEN PLUS SIMPLE D'ENTRER EN CONTACT AVEC LES EXTRATERRESTRES NON ?

IL Y A TOUJOURS UNE SOLUTION.
QUI SAIT, PEUT-ÊTRE QU'ELLE SE TROUVE DANS CE GARAGE ?
BON...
OÙ EST-CE QUE JE L'AI MISE ?

ÇA FAISAIT LONGTEMPS QUE JE N'ÉTAIS PAS VENUE ICI, TU EN AS FAIT UN VRAI BUREAU !
C'EST QUE VOUS VOUS EN FICHEZ BIEN DES VIEILLERIES DE VOTRE GRAND-PÈRE...
AH, LA VOILÀ !
TU VEUX METTRE DE LA MUSIQUE ?
QU'EST-CE QU'ELLE CAPTE CETTE PETITE MACHINE ?
LA RADIO !
BINGOOO !
LES ONDES RADIO ! C'EST GRÂCE À ELLES QU'ON PEUT ENVOYER ET RECEVOIR DES MESSAGES DANS L'ESPACE !

ALORS BIEN ÉVIDEMMENT, POUR POUVOIR COMMUNIQUER AVEC L'IMMENSITÉ GALACTIQUE, IL FAUT DES OUTILS À LA HAUTEUR DE L'AMBITION.
POUR CE FAIRE, ON UTILISE DES RADIOTÉLESCOPES.
BEAUX BÉBÉS HEIN...
MAIS C'EST GÉNIAL ! AVEC ÇA, ÉVIDEMMENT QU'ON PEUT COMMUNIQUER FACILEMENT AVEC LES EXTRATERRESTRES !
ON A DÉJÀ REÇU DES MESSAGES C'EST ÇA ?
ET BIEN...NON, RIEN. SILENCE RADIO.
HÉHÉ ELLE EST BIEN BONNE CELLE-LÀ.
ALORS BIEN SÛR, L'ABSENCE DE PREUVE N'EST PAS PREUVE D'ABSENCE !
ÇA FAIT À PEINE 70 ANS QU'ON ÉCOUTE L'ESPACE À LA RECHERCHE D'HYPOTHÉTIQUES VOISINS...
... UNE GALAXIE DE 100 000 ANNÉES-LUMIÈRE DE DIAMÈTRE AVEC DES CENTAINES DE MILLIARDS D'ÉTOILES À SCRUTER, C'EST TOUT DE MÊME UNE SACRÉE BOTTE DE FOIN !

PEUT-ÊTRE NE POINTONS-NOUS PAS NOS RADIOTÉLESCOPES DANS LES BONNES DIRECTIONS ?
CHEF ! CHEF ! JE CAPTE UN SIGNAL !!!
METTEZ-LE SUR HAUT-PARLEUR, VITE !
ON EST ENFIN ENTRÉS EN CONTACT AVEC EUX.
METTEZ TOUTES LES ÉQUIPES LÀ-DESSUS, IL FAUT QU'ON PUISSE DÉCHIFFRER CE MESSAGE.
ROUUUROUUROUROUUU
ROU
ROUROUUU
REGARDE, SUR CETTE IMAGE TU PEUX VOIR LA DISTANCE PARCOURUE PAR LES PLUS ANCIENNES ÉMISSIONS RADIO ÉMISES PAR LA CIVILISATION HUMAINE DANS NOTRE GALAXIE !
100 000 ANNÉES-LUMIÈRE DE DIAMÈTRE
VU COMME ÇA, C'EST MINUSCULE...

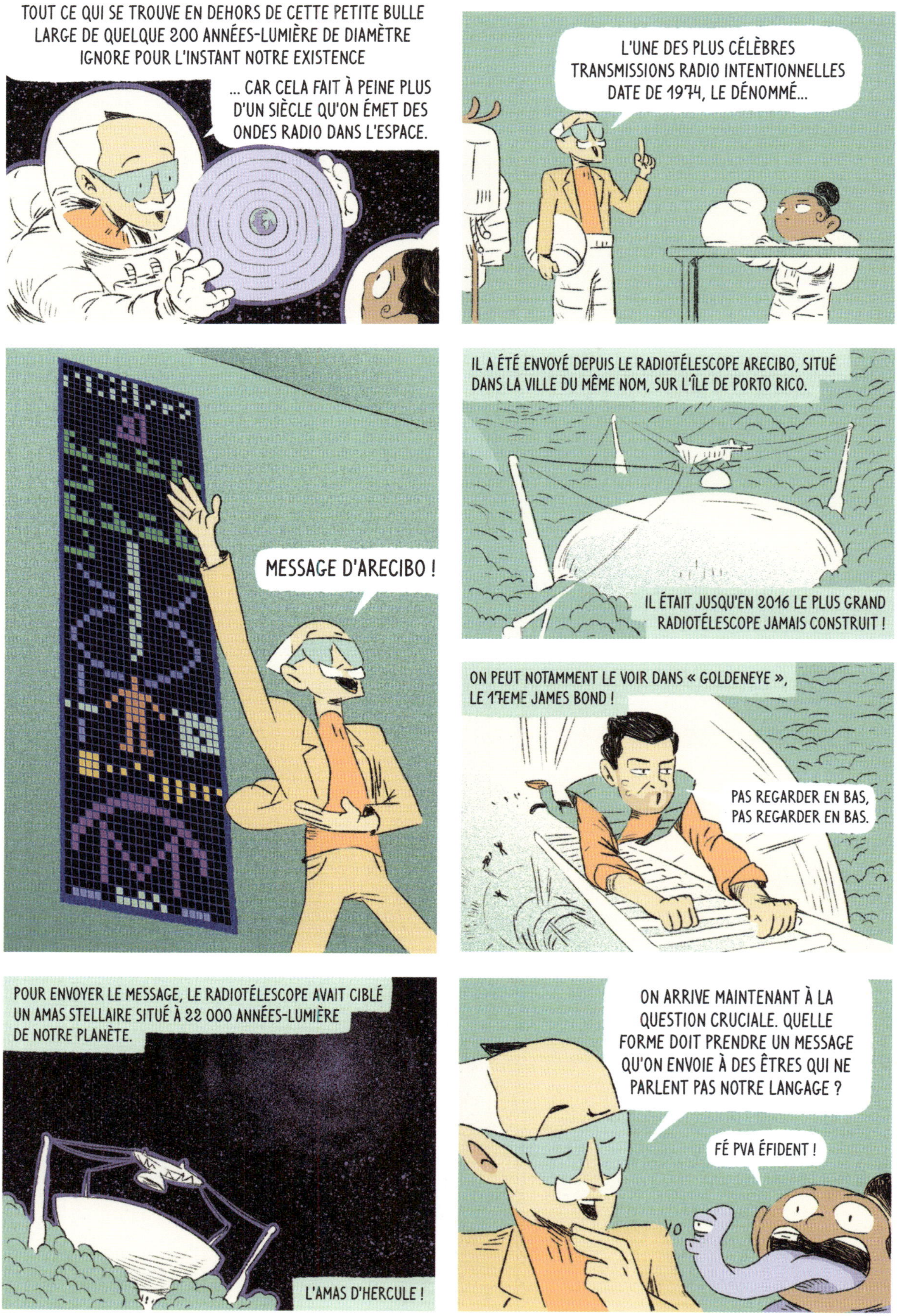
TOUT CE QUI SE TROUVE EN DEHORS DE CETTE PETITE BULLE LARGE DE QUELQUE 200 ANNÉES-LUMIÈRE DE DIAMÈTRE IGNORE POUR L'INSTANT NOTRE EXISTENCE
... CAR CELA FAIT À PEINE PLUS D'UN SIÈCLE QU'ON ÉMET DES ONDES RADIO DANS L'ESPACE.
L'UNE DES PLUS CÉLÈBRES TRANSMISSIONS RADIO INTENTIONNELLES DATE DE 1974, LE DÉNOMMÉ...
MESSAGE D'ARECIBO !
IL A ÉTÉ ENVOYÉ DEPUIS LE RADIOTÉLESCOPE ARECIBO, SITUÉ DANS LA VILLE DU MÊME NOM, SUR L'ÎLE DE PORTO RICO.
IL ÉTAIT JUSQU'EN 2016 LE PLUS GRAND RADIOTÉLESCOPE JAMAIS CONSTRUIT !
ON PEUT NOTAMMENT LE VOIR DANS « GOLDENEYE », LE 17EME JAMES BOND !
PAS REGARDER EN BAS, PAS REGARDER EN BAS.
POUR ENVOYER LE MESSAGE, LE RADIOTÉLESCOPE AVAIT CIBLÉ UN AMAS STELLAIRE SITUÉ À 22 000 ANNÉES-LUMIÈRE DE NOTRE PLANÈTE.
L'AMAS D'HERCULE !
ON ARRIVE MAINTENANT À LA QUESTION CRUCIALE. QUELLE FORME DOIT PRENDRE UN MESSAGE QU'ON ENVOIE À DES ÊTRES QUI NE PARLENT PAS NOTRE LANGAGE ?
FÉ PVA ÉFIDENT !
YO

EN SUPPOSANT QUE DES EXTRATERRESTRES CAPTENT CE MESSAGE ET SOIENT CAPABLES DE LE RÉARRANGER DANS LE BON SENS, VOICI L'IMAGE QUI LEUR APPARAÎTRAIT :

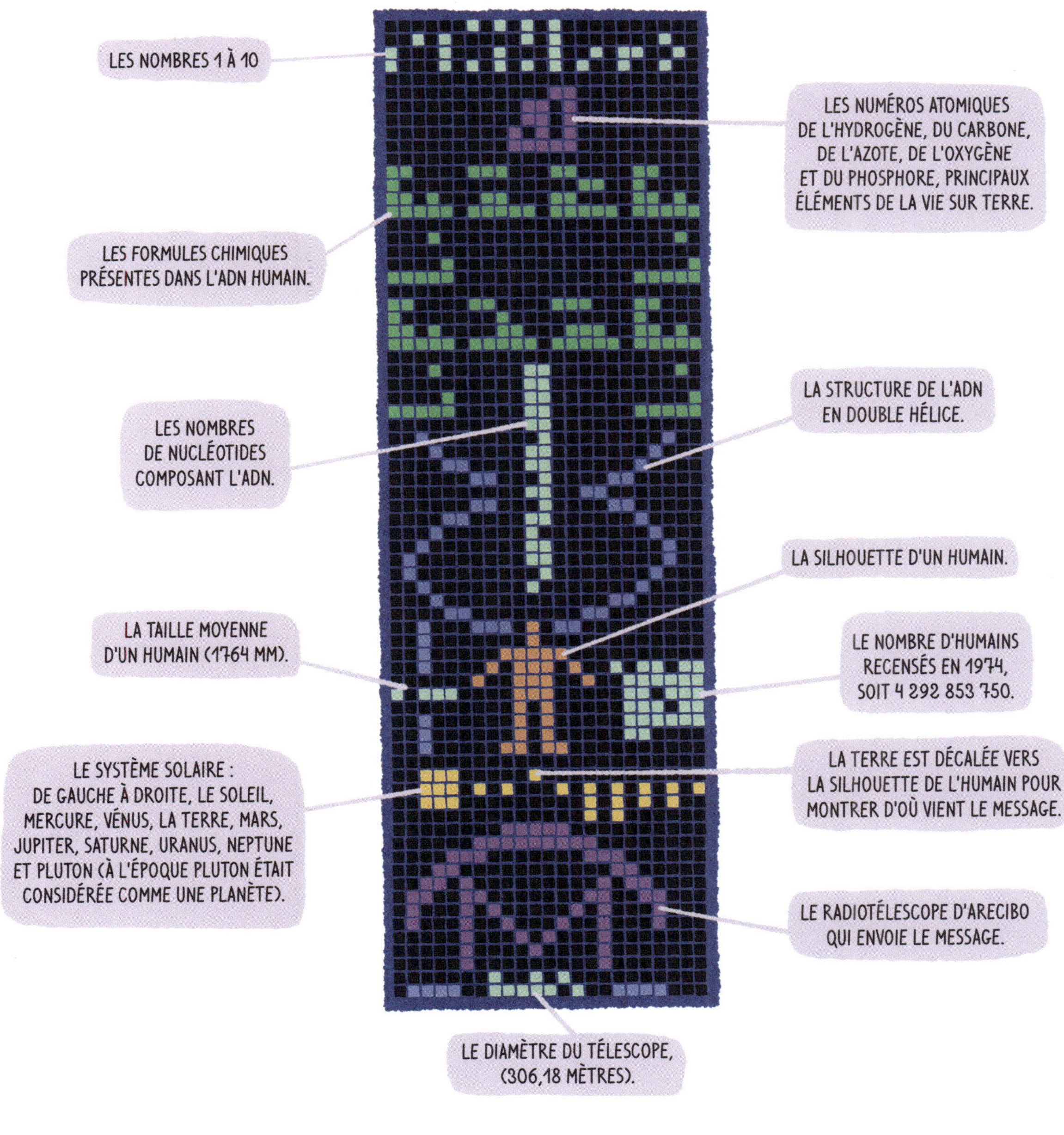

POUR RÉSUMER, CE MESSAGE ÉMIS EN 1974 DEVRAIT ATTEINDRE SON OBJECTIF, L'AMAS D'HERCULE, 22 000 ANS APRÈS SA TRANSMISSION !
SANS COMPTER QUE L'INTENSITÉ D'UNE ÉMISSION RADIO DIMINUE EN SE DIFFUSANT !
EN SUPPOSANT QUE DES EXTRATERRESTRES CAPTENT CE MESSAGE, 22 000 ANS SERAIENT ENCORE NÉCESSAIRES POUR QUE LEUR RÉPONSE NOUS PARVIENNE EN RETOUR.
DONC DANS LE MEILLEUR DES CAS ON AURA UNE RÉPONSE EN L'AN 45974.
L'ESPACE, C'EST DÉFINITIVEMENT TRÈS GRAND.
ET POURQUOI ÇA NE SERAIT PAS EUX QUI FERAIENT LE PREMIER PAS ?
ON PEUT, EN EFFET, SUPPOSER QUE DES EXTRATERRESTRES AIENT TENTÉ DE COMMUNIQUER AVEC NOTRE PLANÈTE...
Y'A QUELQU'UN ?
... PENDANT DES DIZAINES, DES CENTAINES DE MILLIONS D'ANNÉES...
ALLÔ ?
... AU MOYEN DE SIGNAUX QUI SONT BIEN PASSÉS DANS LES PARAGES...
TOUJOURS PAS ?
... MAIS À DES ÉPOQUES SITUÉES DANS LE PASSÉ.
ET LÀ C'EST BON ?
ET À FORCE DE NE RIEN RECEVOIR EN RETOUR...
ALLEZ RÉPONDEZ QUOI !!
... ILS ONT FINI PAR SE LASSER.
ARRÊTE DE T'OBSTINER, IL SONT VRAIMENT TROP BÊTES.
OUAIS T'AS RAISON, JE COUPE.
ÇA MARCHE !!
1888 : HEINRICH HERTZ VIENT DE DÉCOUVRIR LES ONDES RADIO.

ET QUAND BIEN MÊME ON RECEVRAIT ENFIN UN MESSAGE D'UNE CIVILISATION EXTRATERRESTRE...
RIEN NE NOUS GARANTIT QUE CETTE CIVILISATION EXISTE ENCORE AU MOMENT OÙ NOUS CAPTONS SON SIGNAL.
IL FAUDRAIT AUSSI ÊTRE CAPABLE DE DÉCODER LEUR MESSAGE...
JE ME DEMANDE BIEN À QUOI RESSEMBLERAIT UNE LANGUE EXTRATERRESTRE.
ON PEUT ÉGALEMENT IMAGINER QUE CE GRAND SILENCE...
... NE L'EST QU'EN APPARENCE.
HEIN ?
CLAC
COMMENT PEUT-ON CONCEVOIR LA VIE AILLEURS QUE SUR TERRE ?
C'EST UNE TRANSITION PARFAITE POUR PASSER À L'HYPOTHÈSE SUIVANTE...

ON ÉCOUTE
ET ON REGARDE
MAL

LORSQUE NOUS SCRUTONS LE CIEL, NOUS LE FAISONS DANS LES DOMAINES ÉLECTROMAGNÉTIQUES QU'IL NOUS SEMBLE JUDICIEUX D'OBSERVER ET AUXQUELS NOUS SOMMES SENSIBLES.

POURTANT, LES EXTRATERRESTRES POURRAIENT BIEN TENTER DE COMMUNIQUER EN DIRECTION DU COSMOS AU MOYEN DE PARTICULES QUE NOUS N'AVONS PAS ENCORE DÉCOUVERTES ET DONC INDÉTECTABLES POUR NOUS.

PEUT-ÊTRE QU'ILS ESSAYENT DE COMMUNIQUER VIA DES NIVEAUX DE RÉALITÉS QUE MÊME LES PLUS FOLLES DE NOS THÉORIES PHYSIQUES N'ONT PAS IMAGINÉS, ET NOUS SOMMES DONC INCAPABLES D'ENTENDRE LEURS MESSAGES.
AH OUI, JE VOIS CE QUE TU VEUX DIRE.
NON JUSTEMENT, C'EST ÇA LE PLUS FOU, TU NE PEUX PAS, PERSONNE NE LE PEUT !
POF
EN TOUT CAS PAS ENCORE.
LIEU : OBSERVATORY HOUSE
DATE : 1800
VILLE : SLOUGH
PAYS : ANGLETERRE
POUR TE DONNER UN EXEMPLE, REMONTONS UN PEU DANS LE TEMPS.
L'ASTRONOME WILLIAM HERSCHEL S'APPRÊTE À FAIRE UNE DÉCOUVERTE MAJEURE.

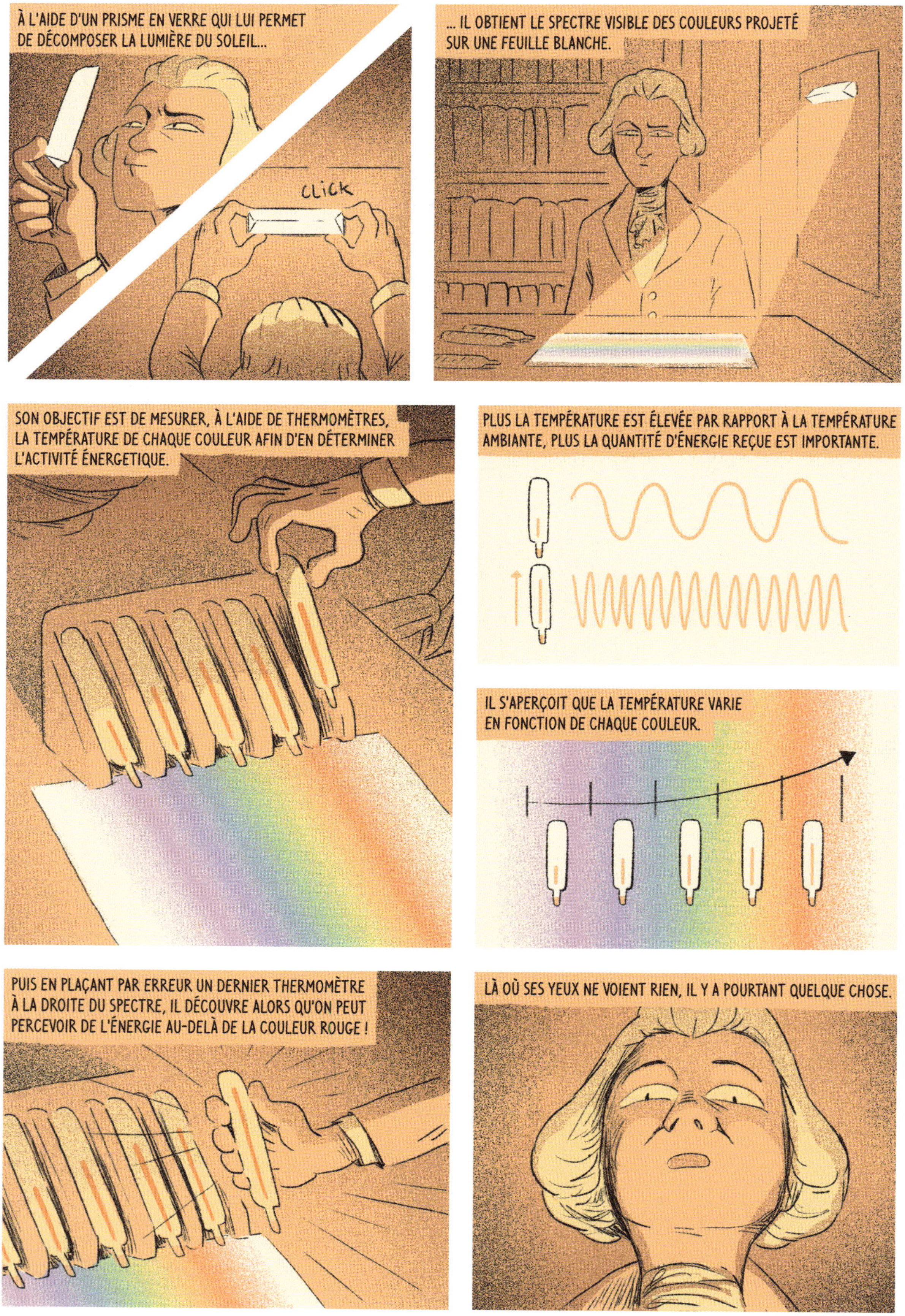
À L'AIDE D'UN PRISME EN VERRE QUI LUI PERMET DE DÉCOMPOSER LA LUMIÈRE DU SOLEIL...
CLICK
... IL OBTIENT LE SPECTRE VISIBLE DES COULEURS PROJETÉ SUR UNE FEUILLE BLANCHE.
SON OBJECTIF EST DE MESURER, À L'AIDE DE THERMOMÈTRES, LA TEMPÉRATURE DE CHAQUE COULEUR AFIN D'EN DÉTERMINER L'ACTIVITÉ ÉNERGETIQUE.
PLUS LA TEMPÉRATURE EST ÉLEVÉE PAR RAPPORT À LA TEMPÉRATURE AMBIANTE, PLUS LA QUANTITÉ D'ÉNERGIE REÇUE EST IMPORTANTE.
IL S'APERÇOIT QUE LA TEMPÉRATURE VARIE EN FONCTION DE CHAQUE COULEUR.
PUIS EN PLAÇANT PAR ERREUR UN DERNIER THERMOMÈTRE À LA DROITE DU SPECTRE, IL DÉCOUVRE ALORS QU'ON PEUT PERCEVOIR DE L'ÉNERGIE AU-DELÀ DE LA COULEUR ROUGE !
LÀ OÙ SES YEUX NE VOIENT RIEN, IL Y A POURTANT QUELQUE CHOSE.

WILLIAM HERSHEL VIENT DE DÉCOUVRIR LE RAYONNEMENT INFRAROUGE !
CETTE DÉCOUVERTE A OUVERT LA VOIE AU DÉVELOPPEMENT DE TECHNOLOGIES PERMETTANT DE MESURER LES TEMPÉRATURES.
COMME LES CAMÉRAS INFRAROUGES PAR EXEMPLE.
OUAAHHH !
DANS LES ANNÉES QUI SUIVRONT NOUS METTRONS AU JOUR D'AUTRES PARTIES DE CE SPECTRE ÉLECTROMAGNÉTIQUE.
1801 : JOHANN WILHELM RITTER DÉCOUVRE LES ULTRAVIOLETS.
1888 : HEINRICH RUDOLF HERTZ DÉCOUVRE LES ONDES RADIOS.
1895 : WILHELM RÖNTGEN DÉCOUVRE LES RAYONS X.
1900 : PAUL VILLARD DÉCOUVRE LES RAYONS GAMMA.

POUR RÉSUMER, EN EXACTEMENT 100 ANS, LA CONNAISSANCE DE L'HOMME SUR LE SPECTRE ÉLECTROMAGNÉTIQUE PASSE DE ÇA...
LUMIÈRE VISIBLE

ONDES RADIO
MICRO-ONDES
INFRAROUGES
ULTRAVIOLETS
RAYONS X
RAYONS GAMMA
... À ÇA !
LUMIÈRE VISIBLE

MAINTENANT IMAGINE LES PROGRÈS QUE POURRAIT ACCOMPLIR UNE CIVILISATION...
... AVEC 2 MILLARDS D'ANNÉES D'AVANCE SUR NOUS ?
TU COMMENCES À SAISIR LE TRUC.

NOTRE GALAXIE GROUILLERAIT BIEN DE CIVILISATIONS AVANCÉES CHERCHANT POUR LA PLUPART À COMMUNIQUER, MAIS NOUS NE DISPOSONS PAS ENCORE DES MOYENS D'ÉCOUTE APPROPRIÉS. ON TEND, EN QUELQUE SORTE, LES OREILLES À CÔTÉ.

SI JE VOUS AI RÉUNIS ICI C'EST POUR VOUS ANNONCER UNE NOUVELLE QUI VA RÉVOLUTIONNER LE MONDE TEL QUE NOUS LE CONNAISSONS...
NOUS SOMMES ENFIN ENTRÉS EN CONTACT AVEC UNE ESPÈCE EXTRATERRESTRE.
NOUS AVONS CAPTÉ UN MESSAGE CRYPTÉ VENANT DE LA CONSTELLATION X2.
LES EXPERTS DU MONDE ENTIER ONT ÉTÉ RÉUNIS AFIN DE LE DÉCODER.
1010000
0101111
1010000
VOICI LE MESSAGE QUE NOUS AVONS REÇU :
CLIC
ROUUUUROOUROUUUROUUUROUROU
ROOOUUUU
ROU ROU

JE ME DEMANDE BIEN À QUOI ILS POURRAIENT RESSEMBLER CES EXTRATERRESTRES.
LA TÂCHE N'EST PAS AISÉE.
DANS NOS RÉCITS ON TEND À LES ANTHROPOMORPHISER. C'EST-À-DIRE LEUR DONNER DES RAISONNEMENTS ET DES CARACTÉRISTIQUES HUMAINES.
MAIN
YEUX
OREILLE
CELA PERMET DE COMPRENDRE LEURS INTENTIONS ET DE SE SENTIR EN EMPATHIE AVEC EUX.
PRENONS UN EXEMPLE AVEC UN ALIEN ANTHROPOMORPHISÉ...
... ET UN ALIEN DÉPOURVU DE TOUT ATTRIBUT HUMAIN.
FAISONS-LEUR JOUER LA MÊME SCÈNE :
SANS YEUX QUI REGARDENT DANS UNE DIRECTION, SANS BOUCHE QUI S'OUVRE POUR S'EXPRIMER ET SANS BRAS NI JAMBES POUR POINTER DES CHOSES OU SE DÉPLACER, DIFFICILE DE PRÊTER DES INTENTIONS À L'EXTRATERRESTRE.

ET MÊME LORSQU'ON S'ÉLOIGNE DE L'APPARENCE HUMAINE, ON PEINE À NE PAS DONNER AUX ALIENS DES ATTRIBUTS QUI NOUS SONT FAMILIERS.
POISSON-LANTERNE
GIRAFE
MANTE-RELIGIEUSE
POULPE
CHÈVRE
COQ
CHAUVE-SOURIS
LION
UN PETIT ŒIL HOP !

ESSAYE D'IMAGINER UNE NOUVELLE COULEUR, UNE NOUVELLE SAVEUR ! L'EXERCICE EST IMPOSSIBLE.

POURTANT, SI LES EXTRATERRESTRES EXISTENT, IL EST PROBABLE QUE LEURS FAÇONS D'ÊTRE, LEURS NATURES, LEURS MORPHOLOGIES ET LEURS DIVERSITÉS CULTURELLES DÉPASSENT DE LOIN TOUT CE QUE NOUS SOMMES CAPABLES DE CONCEVOIR !

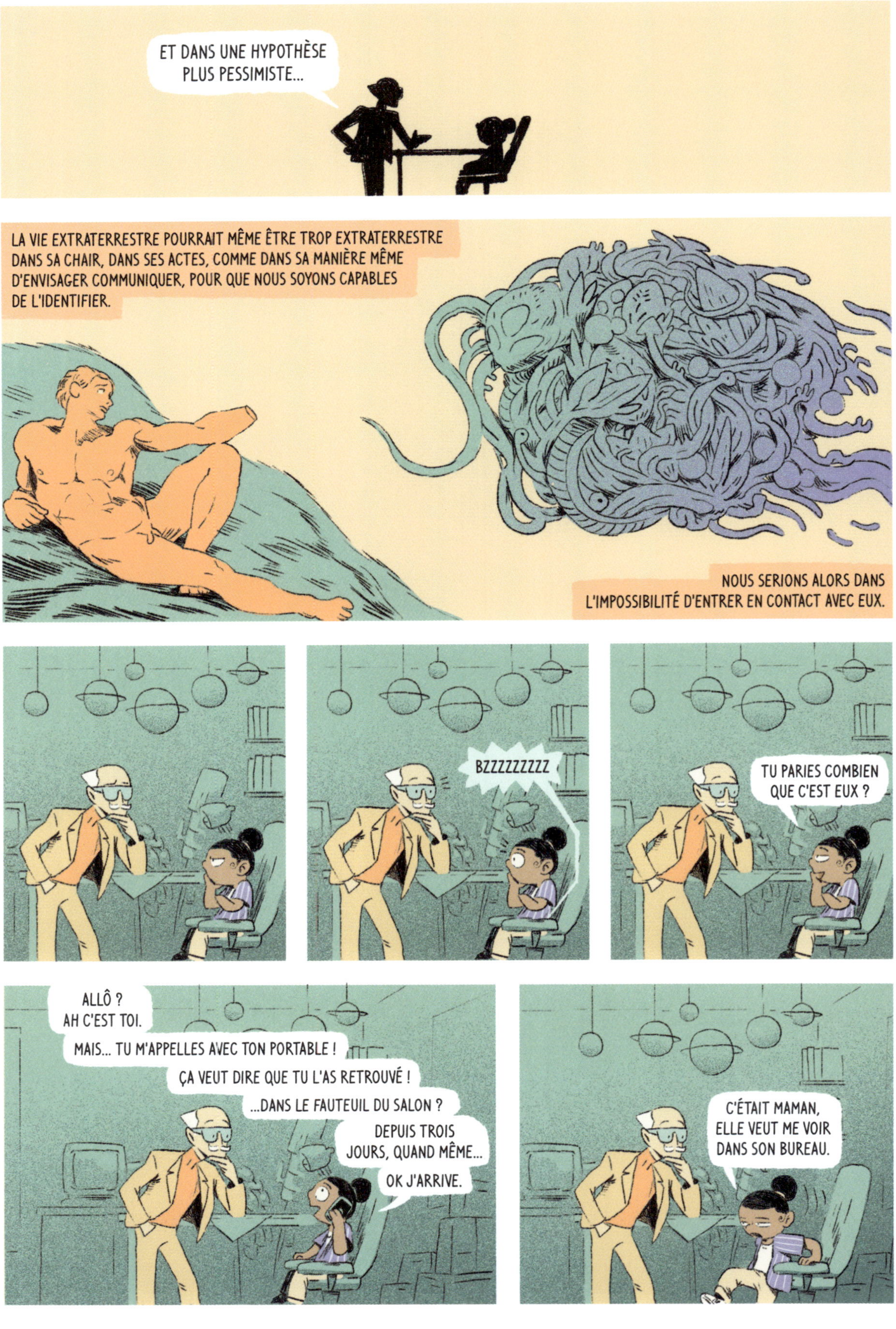
ET DANS UNE HYPOTHÈSE PLUS PESSIMISTE...
LA VIE EXTRATERRESTRE POURRAIT MÊME ÊTRE TROP EXTRATERRESTRE DANS SA CHAIR, DANS SES ACTES, COMME DANS SA MANIÈRE MÊME D'ENVISAGER COMMUNIQUER, POUR QUE NOUS SOYONS CAPABLES DE L'IDENTIFIER.
NOUS SERIONS ALORS DANS L'IMPOSSIBILITÉ D'ENTRER EN CONTACT AVEC EUX.
BZZZZZZZZZ
TU PARIES COMBIEN QUE C'EST EUX ?
ALLÔ ? AH C'EST TOI.
MAIS... TU M'APPELLES AVEC TON PORTABLE !
ÇA VEUT DIRE QUE TU L'AS RETROUVÉ !
...DANS LE FAUTEUIL DU SALON ?
DEPUIS TROIS JOURS, QUAND MÊME...
OK J'ARRIVE.
C'ÉTAIT MAMAN, ELLE VEUT ME VOIR DANS SON BUREAU.

AH D'ACCORD... BON... ON REMET NOTRE DISCUSSION À PLUS TARD ALORS ?
TU VIENS PAS AVEC MOI ?
IL NOUS RESTE PAS MAL D'HYPOTHÈSES À EXPLORER NON ?
OH ÇA OUI !
C'EST QUAND MÊME FOU, TOUT CE QU'ON MET EN ŒUVRE POUR POUVOIR ENTRER EN CONTACT AVEC EUX...
CE SERAIT VEXANT QUE CE NE SOIT PAS RÉCIPROQUE...
TU TIENS QUELQUE CHOSE !
PEUT ÊTRE QUE LES EXTRATERRESTRES...

NE SONT PAS
INTERESSÉS
PAR NOUS
HELLO

ILS N'AURAIENT QUE FAIRE DE CRÉER DES MACHINES, DES VAISSEAUX SPATIAUX OU ENCORE DES SYSTÈMES DE COMMUNICATION COMPLEXES. ILS NE VOYAGERAIENT PAS ENTRE LES ÉTOILES, N'ÉMETTERAIENT AUCUN SIGNAL ET N'ESSAYERAIENT PAS D'EN CAPTER.

QUASIMENT DÉNUÉS D'INTÉRÊT POUR LES CHOSES MATÉRIELLES, ILS POURRAIENT ÊTRE CONSIDÉRÉS COMME TECHNOLOGIQUEMENT PRIMITIFS.
LEURS GRANDES ŒUVRES SERAIENT TOUTES RÉALISÉES AU NIVEAU DE LA PUISSANCE DES IDÉES. ILS AURAIENT DÉVELOPPÉ AU COURS DE LEUR LONGUE HISTOIRE DES CONCEPTS...
... DES PRATIQUES...
... UNE PHILOSOPHIE DE VIE...
... UNE CONNEXION AVEC LE MONDE QUI LES ENTOURE...
... UNE INTELLIGENCE SANS ÉGALE QUI NOUS SERAIT ÉTRANGÈRE ET INACCESSIBLE.

PEUT-ÊTRE QUE LEUR GÉNIE NE SE MANIFESTE PAS À TRAVERS LA TECHNOLOGIE.
UN PEU COMME TA MÈRE.
TU VEUX DIRE QU'ILS PEUVENT PERDRE LEUR TÉLÉPHONE PENDANT 3 JOURS SANS S'EN RENDRE COMPTE ?

MAIS QU'EST CE QU'ILS MARMONNENT DERRIÈRE MA PORTE ?
JE VOUS VOIS HEIN...
OH RIEN, PAPI DISAIT JUSTE QUE TU RESSEMBLAIS À UN EXTRATERRESTRE.
PAS DU TOUT ! ENFIN SI, MAIS UN EXTRATERRESTRE D'UNE GRANDE INTELLIGENCE !
AVEC DE MAJESTUEUX TENTACULES ET...
AHEM BON, JE VAIS M'ARRÊTER LÀ...
VOUS ÊTES ENCORE SUR VOTRE PARADOXE DE FERMI ?
JE SERAIS CURIEUSE DE SAVOIR CE QUE TON GRAND-PÈRE T'A APPRIS.
LA CURIOSITÉ...
ON A SOUVENT TENDANCE À SE METTRE À LEUR PLACE MAIS...

ET SI LES EXTRATERRESTRES N'ÉTAIENT TOUT SIMPLEMENT PAS CURIEUX ?
LA MACHINE EST LANCÉE À CE QUE JE VOIS !
EN EFFET, PEUT-ÊTRE QUE CETTE CURIOSITÉ QUE L'ON RETROUVE CHEZ DE NOMBREUX ÊTRES VIVANTS SUR TERRE EST UNE EXCEPTION DANS L'UNIVERS !
LES EXTRATERRESTRES POURRAIENT BIEN DISPOSER DES MOYENS TECHNIQUES NÉCESSAIRES POUR VENIR À NOTRE RENCONTRE...
... MAIS ÊTRE PAR NATURE RÉTICENTS OU INDIFFÉRENTS À L'IDÉE DE COMMUNIQUER AVEC LES HABITANTS D'AUTRES PLANÈTES ! ILS CHOISIRAIENT ALORS DE RESTER SUR LA LEUR, ET DE SE TAIRE.

OU PEUT-ÊTRE SONT-ILS MORALEMENT OPPOSÉS À L'EXPLORATION ?
GRAND MAZAR ! ON VIENT DE SE RENDRE COMPTE QU'IL EXISTE UNE FORME DE VIE DANS L'ESPACE ENTRE LES ÉTOILES.
LE PROBLÈME ÉTANT QU'À CHACUN DE NOS DÉPLACEMENTS, LES RÉACTEURS DE NOS VAISSEAUX DÉTRUISENT CONSIDÉRABLEMENT CETTE MICROSCOPIQUE POPULATION.
VOUS PENSEZ RÉELLEMENT QU'UN MISÉRABLE BANC DE PLANCTON GALACTIQUE VA NOUS STOPPER DANS NOTRE CONQUÊTE STELLAIRE ?
GRÂCE À NOTRE TECHNOLOGIE RÉTROPARTICULAIRE ON A PU AVOIR UNE IMAGE DE CES ÊTRES...
OH MON DIEU MAIS...
OUI JE SAIS....

... ILS SONT EXTRÊMEMENTS MIGNONS.
ON PENSE QU'ILS SE DÉPLACENT EN PRODUISANT DES POTITES FLATULENCES.
ENCORE PLUS MIGNON.
ON NE PEUT PLUS CONTINUER CE GÉNOCIDE !
QU'ON RAPPELLE TOUTE NOTRE FLOTTE. À PARTIR DE MAINTENANT, ON RESTE À LA MAISON !
PROUT
PROUT
BON ! C'EST TRÈS INTÉRESSANT TOUT ÇA, MAIS JE T'AI APPELÉE POUR TE DEMANDER UN PETIT SERVICE.
POUF
J'AI ENCORE QUELQUES MANUSCRITS À LIRE.
VOUS PAR CONTRE, HORMIS VOTRE GRANDE DISCUSSION SUR L'EXISTENCE POTENTIELLE DES EXTRATERRESTRES, J'AI L'IMPRESSION QUE VOUS ÊTES ASSEZ LIBRES DE VOS MOUVEMENTS.
JE ME TROMPE ?

J'AI BESOIN QUE TU FASSES DES COURSES POUR CE SOIR.
TIENS, JE T'AI FAIT UNE LISTE.
DEMANDE À TON PÈRE ET TON FRÈRE S'ILS ONT DES CHOSES À Y AJOUTER.
PAS DE PROBLÈME.
MAIS OÙ EST CE QUE J'AI ENCORE MIS MON PORTABLE ? C'EST PAS POSSIBLE ÇA !!
POUIC
POUIC

BAM
JE VAIS FAIRE LES COURSES.
TU AS DES CHOSES À METTRE SUR LA LISTE ?
MAIS ÇA VA PAS DE DÉBARQUER COMME ÇA ?! J'AURAIS PU...
BREF, TU TOQUES AVANT DE RENTRER C'EST TOUT !
VOILÀ UN SPÉCIMEN TRÈS INTÉRESSANT, TU NE TROUVES PAS ?
OUI, EN EFFET, C'EST UNE ESPÈCE TRÈS RARE.
ET SI CE QUI NOUS EMPÊCHE DE COMMUNIQUER AVEC LES EXTRATERRESTRES, ÇA N'ÉTAIT PAS...

LA TECHNOLOGIE
PASSÉ UN CERTAIN NIVEAU DE DÉVELOPPEMENT TECHNIQUE, LES ESPÈCES EXTRATERRESTRES POURRAIENT EN VENIR À PERDRE TOUTE FORME D'INTÉRÊT POUR LE MONDE EXTÉRIEUR.

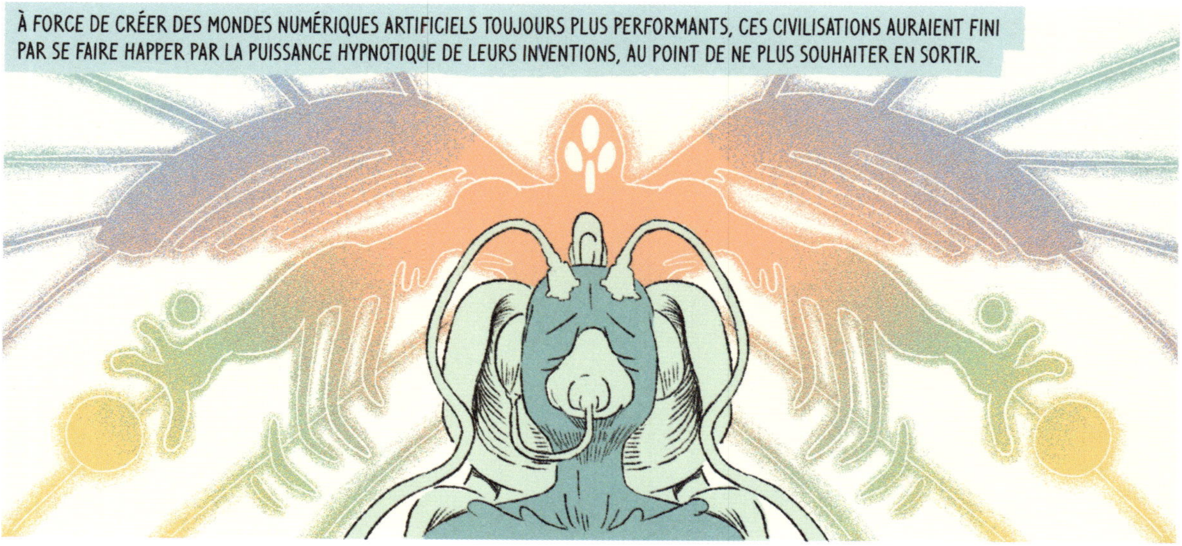
À FORCE DE CRÉER DES MONDES NUMÉRIQUES ARTIFICIELS TOUJOURS PLUS PERFORMANTS, CES CIVILISATIONS AURAIENT FINI PAR SE FAIRE HAPPER PAR LA PUISSANCE HYPNOTIQUE DE LEURS INVENTIONS, AU POINT DE NE PLUS SOUHAITER EN SORTIR.

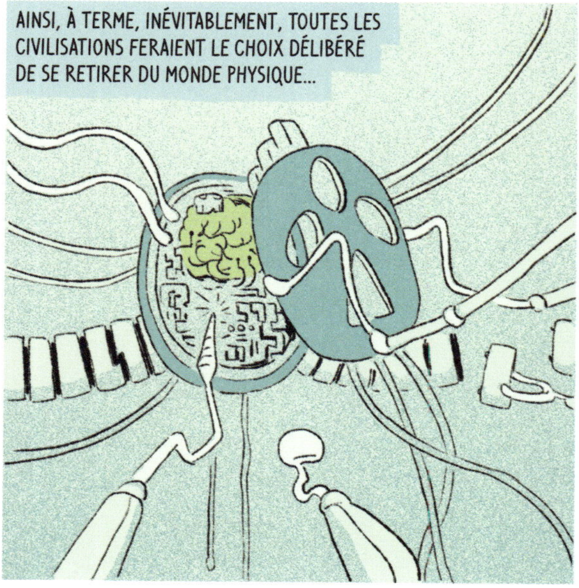
AINSI, À TERME, INÉVITABLEMENT, TOUTES LES CIVILISATIONS FERAIENT LE CHOIX DÉLIBÉRÉ DE SE RETIRER DU MONDE PHYSIQUE...

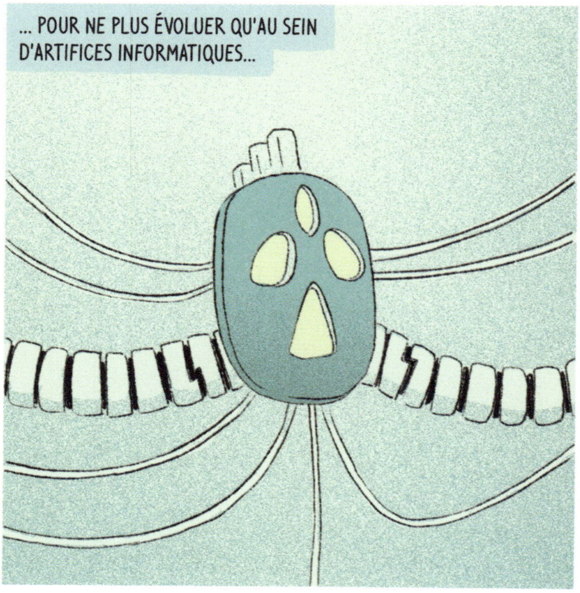
... POUR NE PLUS ÉVOLUER QU'AU SEIN D'ARTIFICES INFORMATIQUES...

... OFFRANT UNE LONGÉVITÉ...

... ET DES POSSIBILITÉS INFINIES.
QUAND ON PENSE AU NOMBRE DE FOIS OÙ ON PRÉFÈRE RESTER DANS SA CHAMBRE À LARVER SUR SON TÉLÉPHONE PLUTÔT QU'ALLER DÉCOUVRIR LE MONDE, ON COMPREND PRESQUE INTUITIVEMENT LA PUISSANCE DE CETTE HYPOTHÈSE.
MON RÊVE...JE SERAIS CLAIREMENT PRÊT À ABANDONNER MON CORPS POUR RENTRER DANS UNE SIMULATION.
ET SI...
... TU T'Y TROUVAIS DÉJÀ ?
J'ARK

ON PEUT, EN EFFET, IMAGINER QU'ON SOIT DANS UNE SIMULATION INFORMATIQUE, COINCÉS DANS UN UNIVERS FACTICE AU SEIN DUQUEL NOUS SERIONS LA SEULE CIVILISATION INTELLIGENTE.
CHOOSE YOUR PLAYER
????
2P
HUMAIN
1P
ET CE GRAND SILENCE NE TIENDRAIT QU'AUX LIMITES DU PROGRAMME DONT LA PUISSANCE RESTREINTE NE PERMETTRAIT PAS DE SIMULER PLUS D'UNE CIVILISATION INTELLIGENTE À LA FOIS !
CE QUI EXPLIQUERAIT LE FAIT QUE NOUS SOYONS SEULS DANS NOTRE UNIVERS.
ET CETTE SIMULATION SERAIT PILOTÉE PAR QUI ?
POURQUOI PAS PAR UNE CIVILISATION EXTRATERRESTRE AYANT 2 MILLIARDS D'ANNÉES D'AVANCE TECHNOLOGIQUE SUR NOUS ?
MAIS POURQUOI SE DONNER AUTANT DE MAL À CRÉER CETTE SIMULATION ?

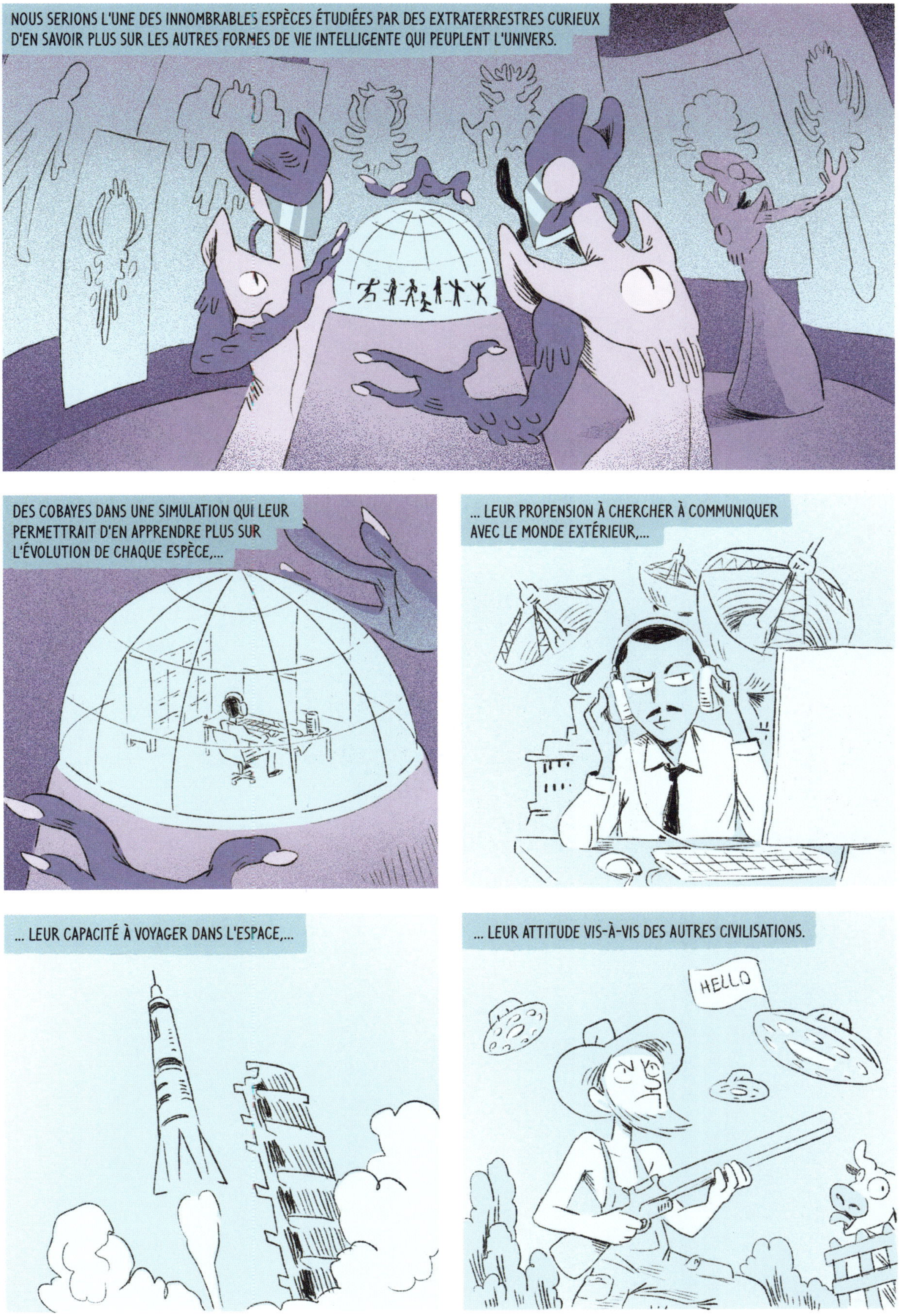
NOUS SERIONS L'UNE DES INNOMBRABLES ESPÈCES ÉTUDIÉES PAR DES EXTRATERRESTRES CURIEUX D'EN SAVOIR PLUS SUR LES AUTRES FORMES DE VIE INTELLIGENTE QUI PEUPLENT L'UNIVERS.
DES COBAYES DANS UNE SIMULATION QUI LEUR PERMETTRAIT D'EN APPRENDRE PLUS SUR L'ÉVOLUTION DE CHAQUE ESPÈCE,...
... LEUR PROPENSION À CHERCHER À COMMUNIQUER AVEC LE MONDE EXTÉRIEUR,...
... LEUR CAPACITÉ À VOYAGER DANS L'ESPACE,...
... LEUR ATTITUDE VIS-À-VIS DES AUTRES CIVILISATIONS.
HELLO

CE TYPE DE SIMULATION POURRAIT PERMETTRE AUX EXTRATERRESTRES D'ÉVALUER S'IL EST JUDICIEUX D'ENTRER EN CONTACT AVEC UNE ESPÈCE D'UNE AUTRE PLANÈTE.
JE VOUS L'ACCORDE, CETTE HYPOTHÈSE EST UN PEU TIRÉE PAR LES CHEVEUX. C'EST SURTOUT POUR VOUS MONTRER JUSQU'OÙ ON PEUT POUSSER LA RÉFLEXION.
SOMMES NOUS RÉELS ? DANS QUEL MONDE EVOLUONS-NOUS VRAIMENT ?
COMME DANS LE FILM MATRIX.
HILARY PUTNAM, UN PHILOSOPHE AMÉRICAIN, A RÉFLÉCHI À CETTE IDÉE D'INCERTITUDE QUANT À NOTRE EXISTENCE.
SELON LUI, NOUS POURRIONS TRÈS BIEN ÊTRE UN CERVEAU PLACÉ DANS UNE CUVE ET STIMULÉ DE FAÇON À CRÉER L'ILLUSION PARFAITE DE TOUT CE QUE NOUS VIVONS.

NOUS N'AURIONS ALORS AUCUN MOYEN DE SAVOIR SI LE MONDE QUI NOUS ENTOURE EXISTE RÉELLEMENT OU SI TOUT N'EST QU'ILLUSION CRÉÉE DE TOUTES PIÈCES.
SUIS-JE VRAIMENT EN TRAIN DE M'ARRACHER LES CHEVEUX POUR COMPRENDRE CETTE BD ?
EN PARLANT DE CERVEAU, EST-CE QUE TU POURRAIS DEMANDER AU TIEN DE REMPLIR LA LISTE DE COURSES ?
AH NON ! JE N'AI VRAIMENT PAS LE TEMPS. J'AI PLEIN DE TRUCS À FAIRE AUJOURD'HUI !
COMME JOUER AUX JEUX VIDÉO ? EXCUSE REFUSÉE !
JE NE VOUDRAIS PAS ÊTRE À TA PLACE QUAND TU VAS DIRE À MAMAN QUE TU AS EU LA FLEMME DE LE FAIRE.
C'EST BON...
JE TE L'ENVOIE PAR TEXTO...
BIP
BOUP

NE PAS ENTRER
OK, ON Y EST PRESQUE, ON PASSE JUSTE VOIR PAPA, ET ON VA EN VILLE.
TU ES BIEN ZÉLÉE DIS DONC ! D'HABITUDE, TU NE SORS QUASIMENT PAS DE TA CHAMBRE LE WEEK-END. ET PUIS QU'EST-CE QUE VOUS AVEZ TOUS DE SI IMPORTANT À ACHETER UN DIMANCHE ?
EUH, CE SONT LES NOUVELLES RÉSOLUTIONS DE LA MAISON ! LE DIMANCHE ON FAIT LES COURSES POUR TOUTE LA SEMAINE HÉHÉ...
AH OUI, C'EST PAS IDIOT ! BON, FAIS-MOI VOIR CETTE LISTE.
HEPEPEP ! C'EST MON TOUR CETTE SEMAINE, C'EST MOI QUI M'EN OCCUPE !
MAIS LAISSE MOI JETER UN PETIT COUP D'ŒIL QUAND MÊME !
MAIS PAPI J'Y PENSE !
LES EXTRATERRESTRES...
... ET S'ILS ÉTAIENT DÉJÀ PARMI NOUS ?!
POUF
EN EFFET, ÇA PEUT ÊTRE UNE DES HYPOTHÈSES QUI RÉPOND AU PARADOXE !

ILS SONT DÉJÀ PARMI NOUS
ON PEUT IMAGINER QU'ILS NOUS OBSERVENT DANS L'OMBRE MAIS QUE NOUS SOMMES INCAPABLES D'IDENTIFIER LEUR PRÉSENCE...
... TANT LEUR APTITUDE À SE CAMOUFLER EST ÉPOUSTOUFLANTE.

ILS SONT PARMI NOUS DEPUIS LE DÉBUT, TÉMOINS DE NOTRE ÉVOLUTION...
... ET PEUT-ÊTRE MÊME...
... ACTEURS DE NOTRE SOCIÉTÉ,...
... QUI SAIT ?
ET PEUT-ÊTRE QU'ILS NE SONT PAS SI DISCRETS !
D'OÙ L'EXISTENCE DES O.V.N.I.
O.V.N.I. QUI SONT LES INITIALES DE...?
OBJET VOLANT NON IDENTIFIÉ !
BUZZ
AH OUI OUIII C'EST GAGNÉÉÉ !
TOUS CES MYSTÉRIEUX PHÉNOMÈNES INEXPLIQUÉS NE SERIANT-ILS PAS DES APPARITIONS FORTUITES DE NOS CHERS ALIENS ?
PAPI...
QUOI ?
T'AS OUBLIÉ D'ENLEVER LA PERRUQUE.

OU ALORS, ILS SE MONTRENT PARFOIS VOLONTAIREMENT,...
... DISSÉMINANT SUR NOTRE PLANÈTE...
... TOUTE UNE SÉRIE D'INDICES.
ET NOS GOUVERNEMENTS TENTERAIENT DE NOUS CACHER LEUR EXISTENCE, AFIN DE NOUS ÉVITER QUELQUES SUEURS FROIDES...
... EN APPRENANT QUE DES EXTRATERRESTRES VISITENT RÉGULIÈREMENT NOTRE PLANÈTE POUR VENIR TRIPOTER DES PAYSANS DU FIN FOND DE L'ARKANSAS.
J'VAIS AU GARAGE. J'AI DU BRICOLAGE À FAIRE.
ENCORE ?!

geipan
EN FRANCE, LE GEIPAN (GROUPE D'ÉTUDE ET D'INFORMATIONS SUR LES PHÉNOMÈNES AÉROSPATIAUX NON IDENTIFIÉS),COLLECTE ET ANALYSE LES INFORMATIONS RÉCOLTÉES SUITE À CES ÉTRANGES APPARITIONS, POUR ESSAYER DE LES ÉCLAIRER.
SOUVENT, LES OBSERVATIONS SE RÉVÈLENT ÊTRE DES BOUTS DE FUSÉE, DES SATELLITES, DES AVIONS, OU ENCORE DES PHÉNOMÈNES MÉTÉOROLOGIQUES MÉCONNUS... MAIS PARFOIS, ON NE SAIT TOUT SIMPLEMENT PAS LES EXPLIQUER.
LE SOUCI EST QU'OBSERVER UN PHÉNOMÈNE INEXPLIQUÉ N'EST PAS UNE PREUVE. UNE AFFIRMATION EXTRAORDINAIRE NÉCESSITE DES PREUVES EXTRAORDINAIRES !
UNE AUTRE POSSIBILITÉ : DES EXTRATERRESTRES SE SONT DÉJÀ POSÉS SUR NOTRE PLANÈTE, MAIS DANS UN PASSÉ TRÈS LOINTAIN.
- 550 MILLIONS D'ANNÉES
BONJOUR TERRIENS ! NOUS VENONS EN PAIIIX.
LAISSE TOMBER, ON SE CASSE...
PEUT-ÊTRE ONT-ILS ESSAYÉ D'ÉCHANGER SANS GRAND SUCCÈS AVEC DES ESPÈCES AUJOURD'HUI DISPARUES.
- 200 MILLIONS D'ANNÉES
ALORS ATTENDS, IL FAUT QUE J'ACTIVE LE TRADUCTEUR...
FAIS VITE QUAND MÊME.

OU PEUT-ÊTRE ONT-ILS CROISÉ QUELQUES CHASSEURS-CUEILLEURS, QU'ILS ONT JUGÉS FORT PEU INTÉRESSANTS. ILS SONT DONC REPARTIS ET NOS ANCÊTRES, FAUTE DE POUVOIR LES METTRE PAR ÉCRIT, ONT FINI PAR OUBLIER CES TROUBLANTES RENCONTRES.
- 20 000 ANS
ÇA Y EST J'AI MAL AU DOS.
GARDE LA POSE, TU VOIS BIEN QUE ÇA LEUR FAIT PLAISIR.
EH MAIS ... QU'EST-CE QUE... ?
LA TRAPPE DU GRENIER EST OUVERTE.
ÇA FAIT DES ANNÉES QUE PERSONNE N'Y A MIS LES PIEDS...

PAPA...?
T'ES LÀ-HAUT ?!
....
SI C'EST ENCORE UNE DE TES BLAGUES C'EST PAS DRÔLE PAPI ! TU SAIS QUE J'AI PEUR DU GRENIER MAUDIT !
JE N'Y SUIS POUR RIEN ! J'ÉTAIS AVEC TOI TOUT CE TEMPS.
JE SUIS UNE GRANDE FILLE MAINTENANT !
C'EST RIDICULE D'AVOIR PEUR.
T'AS RAISON.
APRÈS TOI.

CROUI
CROUI
PERSONNE...
FROUI FROUI
HEIN ?!
AAAAAAAH UN ALIEN !!!

EH BAH...
PAPA ?!
FISTON ?
POURQUOI TU RÉPONDS PAS QUAND ON T'APPELLES ?
TU VOULAIS NOUS FAIRE PEUR C'EST ÇA ?
HEIN ?
POC

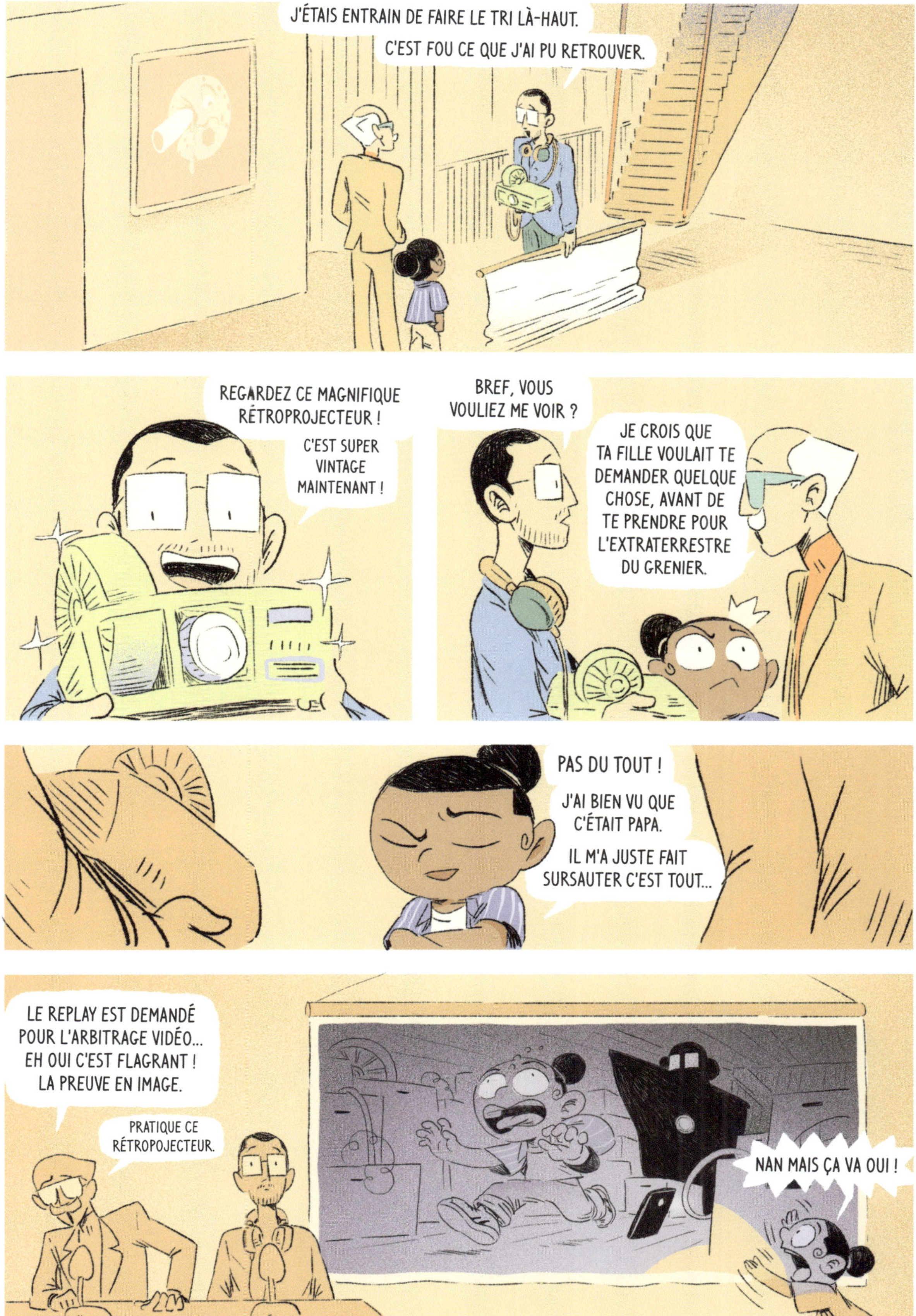
J'ÉTAIS ENTRAIN DE FAIRE LE TRI LÀ-HAUT.
C'EST FOU CE QUE J'AI PU RETROUVER.
REGARDEZ CE MAGNIFIQUE RÉTROPROJECTEUR !
C'EST SUPER VINTAGE MAINTENANT !
BREF, VOUS VOULIEZ ME VOIR ?
JE CROIS QUE TA FILLE VOULAIT TE DEMANDER QUELQUE CHOSE, AVANT DE TE PRENDRE POUR L'EXTRATERRESTRE DU GRENIER.
PAS DU TOUT !
J'AI BIEN VU QUE C'ÉTAIT PAPA.
IL M'A JUSTE FAIT SURSAUTER C'EST TOUT...
LE REPLAY EST DEMANDÉ POUR L'ARBITRAGE VIDÉO... EH OUI C'EST FLAGRANT ! LA PREUVE EN IMAGE.
PRATIQUE CE RÉTROPROJECTEUR.
NAN MAIS ÇA VA OUI !

ON RIGOLE, MAIS ÇA ME DONNE ENVIE D'ALLER ENCORE PLUS LOIN DANS LE RAISONNEMENT...
... ET SI LES EXTRATERRESTRES...
... C'ÉTAIT NOUS ?
...NOUS TROIS TU VEUX DIRE ?
NOUS TROIS, TOUTE L'HUMANITÉ, LES ANIMAUX, LES PLANTES ET LES BACTÉRIES...
BREF, TOUT CE QUI EST VIVANT SUR CETTE PLANÈTE POURRAIT ÊTRE LA LOINTAINE DESCENDANCE D'EXTRATERRESTRES !
C'EST EN TOUT CAS CE QU'ENVISAGE L'HYPOTHÈSE DE...

LA PANSPERMIE
IL Y A DES MILLIARDS D'ANNÉES DE CELA, DES ALIENS SERAIENT PASSÉS DE PLANÈTE EN PLANÈTE...
ET AURAIENT LAISSÉ TRAÎNER SUR TERRE QUELQUES SPORES PRIMITIVES...

CLAP
CLAC
... FERTILISANT CES MONDES,
À L'ORIGINE DÉPOURVUS DE VIE.

LA VIE SUR TERRE SERAIT AINSI LE FRUIT D'UN LOINTAIN ENSEMENCEMENT POUVANT TOUT AUSSI BIEN AVOIR ÉTÉ INTENTIONNEL QU'ACCIDENTEL.

TOUT CELA EST D'AILLEURS PRIS TRÈS AU SÉRIEUX PAR NOS AGENCES SPATIALES, QUI STÉRILISENT AVEC UNE GRANDE ATTENTION LES SONDES QU'ELLES ENVOIENT SUR MARS PAR EXEMPLE.
TOUTE PROPRE POUR ALLER EXPLORER !

PAR PEUR DE FERTILISER LA PLANÈTE SUR LAQUELLE SE POSE LA SONDE ?

SI TU CHERCHES À DÉCOUVRIR DE LA VIE AILLEURS, MIEUX VAUT T'ASSURER DE NE PAS EN EMMENER AVEC TOI, CAR SI CES DERNIÈRES SURVIVENT AU VOYAGE ELLES POURRAIENT BIEN ARRIVER À SE DÉVELOPPER SUR LA PLANÈTE VISITÉE ET VENIR CONCURRENCER LES HYPOTHÉTIQUES VIVANTS QUI Y RÉSIDENT DÉJÀ.

EH MICHEEEL ! VIENS LÀ DEUX MINUTES.
OUI BOSS ?
RAPPELLE-MOI LE PROTOCOLE QUAND ON ARRIVE SUR UNE NOUVELLE PLANÈTE MICHEL.
EUUH ON TOUCHE À RIEN !
C'EST ÇA.
ON TOUCHE SEULEMENT AVEC LES YEUX !
EXACTEMENT.
ALORS POURQUOI T'AS TOUCHÉ LÀ ?
NON J'AI PAS TOUCHÉ !
T'AS TOUCHÉ MICHEL.
J'AVOUE J'AI TOUCHÉ…
ET SI C'ÉTAIT INTENTIONNEL, QUEL SERAIT L'INTÉRÊT POUR DES EXTRATERRESTRES DE VENIR FERTILISER LA TERRE ?
DANS LE SIMPLE BUT DE PROPAGER LA VIE ?
OU PEUT-ÊTRE QUE LE FAIT DE LA LAISSER SE DÉVELOPPER SUR TERRE PERMET LA CRÉATION D'UN NOUVEL ESPACE HABITABLE QUI PERMETTRA À L'AVENIR…

... UNE FUTURE COLONISATION ?

ILS VONT REVENIR POUR RÉCOLTER CE QU'ILS ONT SEMÉ !
T'INQUIETES PAS PAPA, ON VA PAS SE LAISSER FAIRE !

OU ALORS, PEUT-ÊTRE QU'ILS NOUS ONT BIEN IDENTIFIÉS ET QU'ILS SONT PARFAITEMENT CAPABLES DE COMMUNIQUER AVEC NOUS...

... MAIS QU'ILS ONT DÉLIBÉRÉMENT CHOISI DE NE PAS LE FAIRE, CAR L'ÉTAT DE DÉVELOPPEMENT DE NOTRE SOCIÉTÉ, TANT SUR LE PLAN COGNITIF QUE TECHNOLOGIQUE, LEUR SEMBLE TELLEMENT PATHÉTIQUE QU'ILS NE VOIENT PAS L'INTÉRÊT DE S'ATTARDER SUR NOUS.

GÉNÉRAL FFUHAIEIN, ON A IDENTIFIÉ UNE PLANÈTE AVEC DE LA VIE, MAIS ON A ENCORE UN DOUTE SUR LA PRÉSENCE D'UNE FORME DE VIE INTELLIGENTE.
SOUHAITEZ-VOUS QU'ON ENTRE EN CONTACT AVEC EUX ?
QU'EST-CE QUI VOUS FAIT DOUTER ?
REGARDEZ...
LES TERRIENS APPELLENT ÇA DU «DIVERTISSEMENT».
SELON NOS SOURCES, ILS PRATIQUENT CETTE ACTIVITÉ POUR SE VIDER LE CERVEAU.
MAIS QUE C'EST SORDIDE...
CE N'EST PAS TOUT, ON PENSE QUE CET ÊTRE ÉTRANGE POURRAIT ÊTRE LEUR LEADER.
WOUAHAHA MES CHÉRIS ! METTEZ LES NOUILLES DANS LE SLIP MES CHÉRIS !
LE PROCHAIN JEU ! ON BANDE LES YEUX DES CHRONIQUEUSES ET ELLES DOIVENT DEVINER QUEL TYPE DE NOUILLE C'EST, HOUHOUHOU !
HOP LÀ ! ÇA C'EST MA NOUILLE À MOI, SURPRIIISE ! WOUAHAHA !
MIEUX VAUT NE PAS LES DÉRANGER, ILS ONT L'AIR BIEN ENTRE EUX.
LE PROCHAIN JEU ! POUR OU CONTRE LA PEINE DE MORT ?! ÇA SE MET DANS LE SLIP ? HIHIHOUHOU !

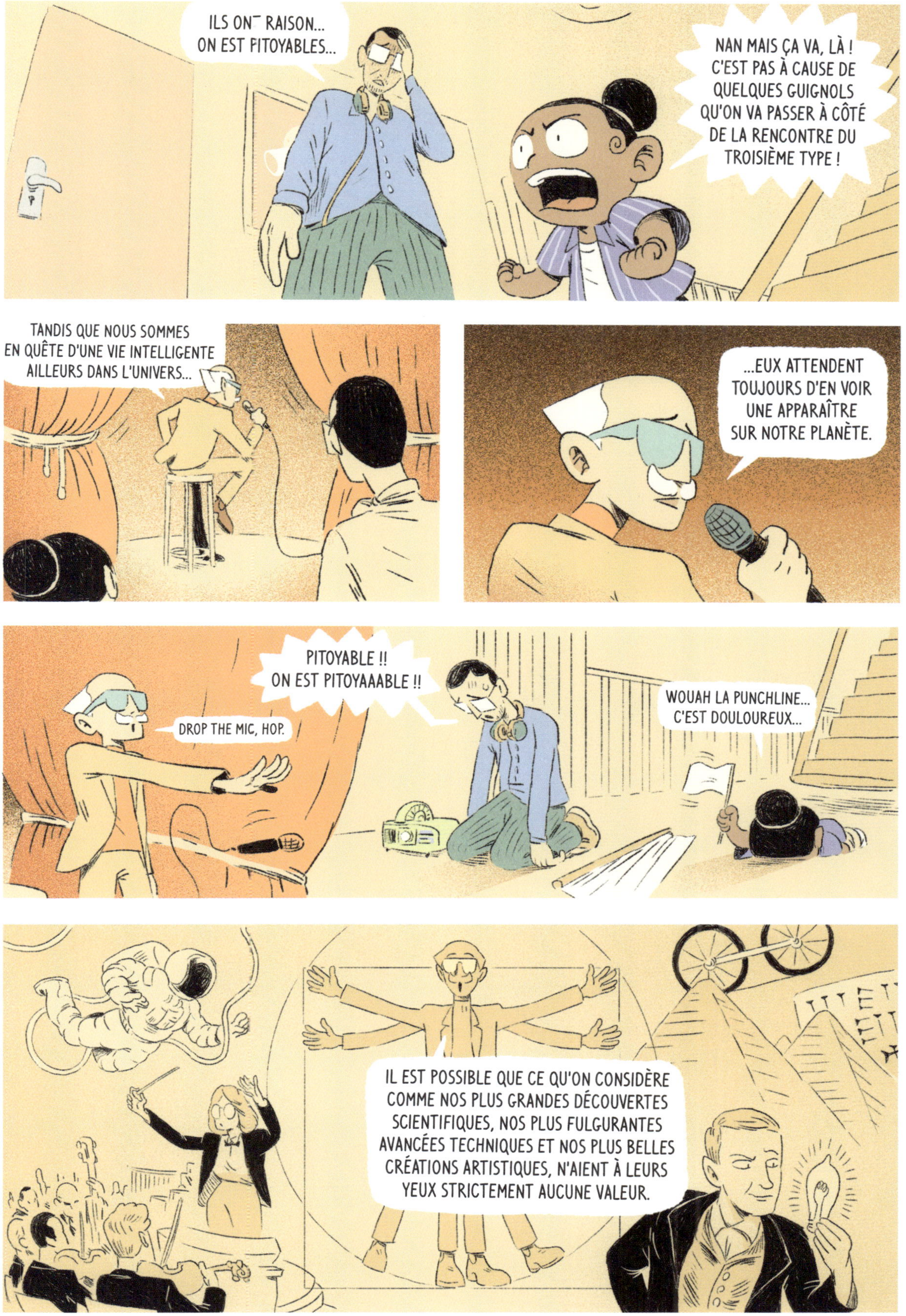
ILS ONT RAISON... ON EST PITOYABLES...
NAN MAIS ÇA VA, LÀ ! C'EST PAS À CAUSE DE QUELQUES GUIGNOLS QU'ON VA PASSER À CÔTÉ DE LA RENCONTRE DU TROISIÈME TYPE !
TANDIS QUE NOUS SOMMES EN QUÊTE D'UNE VIE INTELLIGENTE AILLEURS DANS L'UNIVERS...
...EUX ATTENDENT TOUJOURS D'EN VOIR UNE APPARAÎTRE SUR NOTRE PLANÈTE.
DROP THE MIC, HOP.
PITOYABLE !! ON EST PITOYAAABLE !!
WOUAH LA PUNCHLINE... C'EST DOULOUREUX...
IL EST POSSIBLE QUE CE QU'ON CONSIDÈRE COMME NOS PLUS GRANDES DÉCOUVERTES SCIENTIFIQUES, NOS PLUS FULGURANTES AVANCÉES TECHNIQUES ET NOS PLUS BELLES CRÉATIONS ARTISTIQUES, N'AIENT À LEURS YEUX STRICTEMENT AUCUNE VALEUR.

POUR EUX NOUS SERIONS L'ÉQUIVALENT DE CE QUE SONT POUR NOUS LES MICROBES :
AU MIEUX INSIGNIFIANT, AU PIRE, SANS INTÉRÊT.
EH OH ÇA VA ! ON N'A RIEN DEMANDÉ NOUS !
TERRE
GLOUPIPOUP
« PIRE EXPERIENCE DE PLANÈTE ! »
ACCUEUILLI PAR UNE HORDE DE DÉGÉNÉRÉS EN LATEX JAUNE QUI ONT TENTÉ DE ME METTRE DANS UNE GROSSE BOÎTE.
Q.I. DES ESPÈCES SUR PLACE
AVANCEMENT TECHNOLOGIQUE
QUALITÉ DES PISTES D'ATTERRISSAGE
BON, NOUS NE SOMMES PAS PARFAITS, CERTES.
ON PEUT PEUT-ÊTRE PASSER À AUTRE CHOSE NON ? ÇA A UN PEU PLOMBÉ LE MORAL DE PAPA TOUT ÇA.
PAT PAT
ET PUIS, IL VA VRAIMENT FALLOIR QU'ON AILLE LES FAIRES, CES COURSES.
TU PENSES QU'ON POURRAIT Y ALLER AVEC LOLO ?
BONNE IDÉE !
JE VAIS LA SORTIR DU GARAGE !

LE CARROSSE DE
MADEMOISELLE...

... EST AVANCÉE.
ATTENTION, OUVERTURE DES PORTES DU VAISSEAU...
FFFFIIOUUUUUUUUUU !!!

CLICK
MOTEUR.
BROM
BROM
KRiiiiiiii

ACTION !
VROOOOOOOOOOM
4040
DIS PAPI, J'ESSAYE DE ME METTRE À LA PLACE DES EXTRATERRESTRES.
COMMENT POURRAIENT-ILS RÉAGIR FACE À UNE CIVILISATION AYANT 2 MILLIARDS D'ANNÉES DE RETARD TECHNOLOGIQUE SUR EUX ?
POUR ESSAYER DE L'IMAGINER, ON PEUT PRENDRE COMME EXEMPLE NOTRE RAPPORT AU RESTE DU RÈGNE ANIMAL.
QUE FONT LES HUMAINS POUR OBSERVER LES ANIMAUX AU PLUS PRÈS ?

MMMH, ILS ACHÈTENT DES JUMELLES ?
ILS PARTENT DANS LA FORÊT ?
ILS VONT...
À MOI LES POKÉMONS HÉHÉ...

... AU ZOO !
TU VEUX DIRE QU'ON SERAIT COMME DES ANIMAUX EN CAGE ?!
C'EST EN TOUT CAS L'HYPOTHÈSE DU...

ZOO GALACTIQUE
TERRE

ALLONS VOIR ÇA D'UN PEU PLUS PRÈS.
BIP
CLAC
LOLO
LOLO
BROOOO
BROOOOO
CRAMPONNE-TOI ! C'EST PARTI !!

FiOUUUUU

SELON L'HYPOTHÈSE DU ZOO GALACTIQUE, CE GRAND SILENCE VIENDRAIT DU FAIT QUE LES EXTRATERRESTRES NOUS ÉTUDIENT À DISTANCE.
INTERDIT DE NOURRIR LES HUMAINS
NOTRE PLANÈTE SERAIT AU CŒUR D'UNE SORTE DE RÉSERVE NATURELLE COSMIQUE.

NOUS ÉVOLUERIONS AINSI DANS UNE GALAXIE STRICTEMENT RÉGLEMENTÉE, OÙ LES GRANDES PUISSANCES EXTRATERRESTRES AURAIENT COLLÉGIALEMENT DÉCIDÉ QU'IL NE FALLAIT PAS ENTRER EN CONTACT AVEC NOUS.

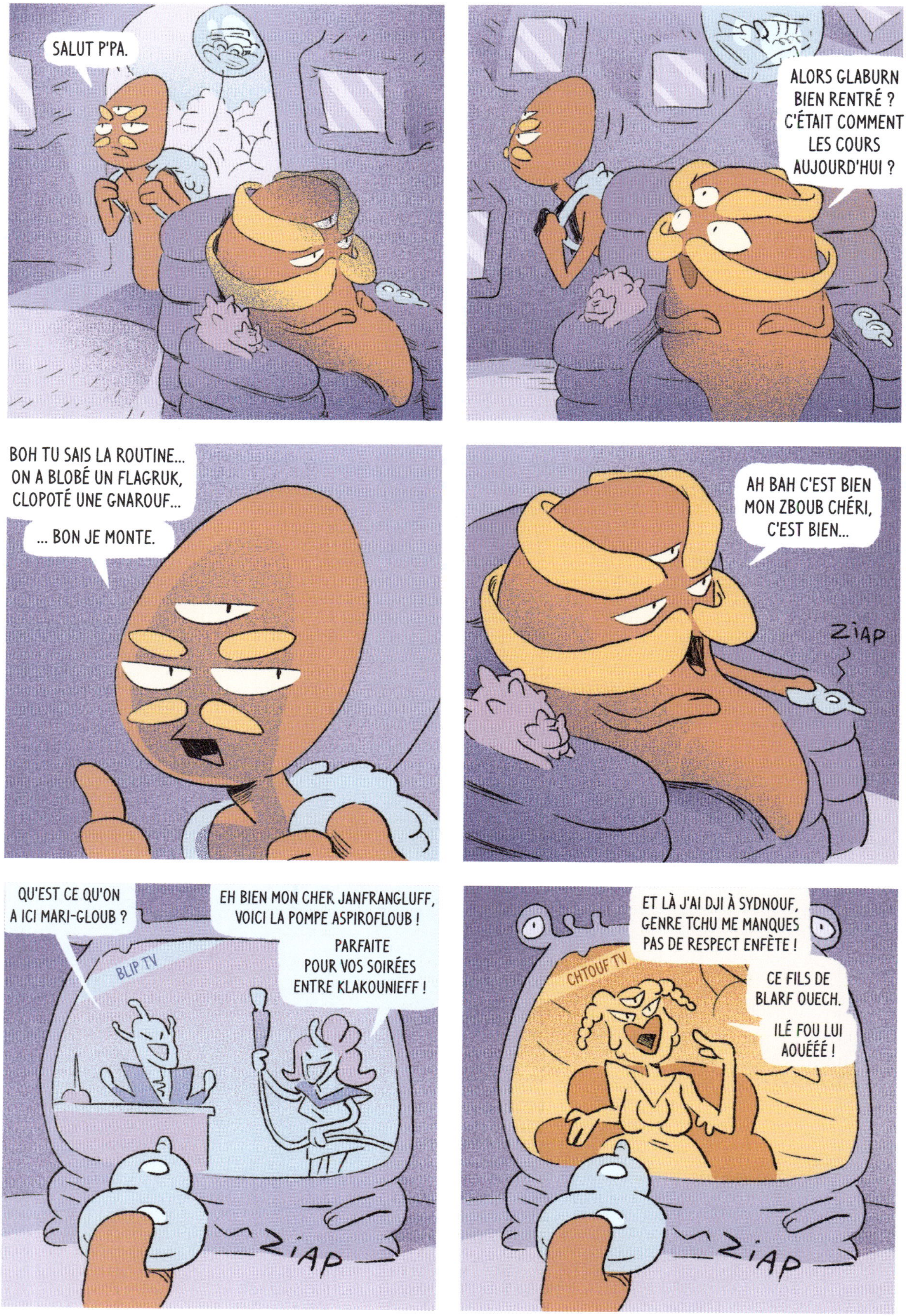
SALUT P'PA.
ALORS GLABURN BIEN RENTRÉ ? C'ÉTAIT COMMENT LES COURS AUJOURD'HUI ?
BOH TU SAIS LA ROUTINE... ON A BLOBÉ UN FLAGRUK, CLOPOTÉ UNE GNAROUF...
... BON JE MONTE.
AH BAH C'EST BIEN MON ZBOUB CHÉRI, C'EST BIEN...
ZIAP
QU'EST CE QU'ON A ICI MARI-GLOUB ?
BLIP TV
EH BIEN MON CHER JANFRANGLUFF, VOICI LA POMPE ASPIROFLOUB !
PARFAITE POUR VOS SOIRÉES ENTRE KLAKOUNIEFF !
ZIAP
ET LÀ J'AI DJI À SYDNOUF, GENRE TCHU ME MANQUES PAS DE RESPECT ENFÈTE !
CHTOUF TV
CE FILS DE BLARF OUECH.
ILÉ FOU LUI AOUÉÉÉ !
ZIAP

REPORTAGE SPÉCIAL, UNE MYSTÉRIEUSE CRÉATURE EST APPARUE À MELUN DANS LE 77.
HUMAIN TV
ZIAP
CERTAINS CRIENT AU CANULAR QUAND D'AUTRES ONT DÉJÀ MIS EN PLACE DES CULTES VÉNÉRANT CETTE APPARITION INEXPLIQUÉE.
AH ! ON VIENT DE RECEVOIR UNE IMAGE DE LA CRÉATURE EN QUESTION !
ON PEUT VOIR CET ÊTRE SUPÉRIEUR AVEC SES SUJETS. AH OUI IL EST VRAIMENT SUPER...
... LA GRANDE CLASSE.
LE GOUVERNEMENT AMÉRICAIN A COMMUNIQUÉ À CE SUJET, JE CITE :
« OUIN OUIIIIN ! POURQUOI QUE C'EST PAS CHEZ NOUS QU'ON A VU LES ALIENS EN PREUMIÉÉÉ OUIIIN !! »
ZZZ
GLABURN DESCEND TOUT DE SUITE !!

ON PEUT MÊME ALLER JUSQU'À IMAGINER QU'ILS ONT DÉCIDÉ DE NOUS LAISSER NOUS DÉVELOPPER ET ÉVOLUER SANS INTERVENTION EXTÉRIEURE JUSQU'À CE QUE NOUS FASSIONS NOS PREUVES.
QUEL GENRE DE PREUVES...?
QUI SAIT ? ARRÊTER DE BOUSILLER NOTRE PLANÈTE ?
CRÉER UNE PISTE D'ATTERRISSAGE ASSEZ CONSÉQUENTE POUR QU'ILS PUISSENT SE POSER CHEZ NOUS ?
ÊTRE CAPABLE DE LES DÉCOUVRIR PAR NOUS-MÊMES ?

BREF, RÉALISER DES AVANCÉES DANS DES DOMAINES SCIENTIFIQUES, POLITIQUES, ÉTHIQUES OU MÊME PHILOSOPHIQUES POURRAIT ÊTRE UN MOYEN DE CONVAINCRE LES AUTRES CIVILISATIONS QUE NOUS NE SOMMES PAS SIMPLEMENT INTÉRESSANTS À REGARDER, MAIS QU'ILS POURRAIENT GAGNER À ÉCHANGER AVEC NOUS.
NOUS POURRIONS MÊME LEUR APPRENDRE DES CHOSES !
BIP
ET PEUT-ÊTRE QU'ALORS LES PORTES MÉTAPHORIQUES DE NOTRE ZOO GALACTIQUE S'OUVRIRONT ET QUE NOUS POURRONS QUITTER NOTRE STATUT ACTUEL DE CURIEUX SINGES NUS POUR S'ATTABLER AVEC LES GRANDS.

IMAGINE ! L'ACCÈS À L'ULTIME INCONNU ! LE DERNIER REMPART DE NOTRE IGNORANCE, À PORTÉE DE PHALANGE !
OUI PAPI, CE SERAIT INCROYABLE, MAIS TU TE SOUVIENS QU'À L'ORIGINE, ON ÉTAIT CENSÉS ALLER FAIRE LES COURSES ?
AH OUI C'EST VRAI, LES COURSES, BON...
ALORS, ATTENTION, LÀ IL FAUT BIEN VISER.
TU VEUX LE PLAN POUR TE GUIDER ?
EH OH ! JE NE SUIS PAS ROUILLÉ À CE POINT.
C'EST PARTI DROIT DEVANT !!
BOOOOOOOM

T'AS VU LE CRÉNEAU ?
J'AI ENCORE LE COUP DE MAIN !

EXTRAMARCHÉ
DANS TES THÉORIES, LES EXTRATERRESTRES ONT SOUVENT DE BONNES INTENTIONS ENVERS LES HUMAINS.
MAIS DANS LA PLUPART DE NOS RÉCITS, C'EST L'INVERSE.
ET SI JE ME SOUVIENS BIEN, L'HOMME GAGNE PRESQUE TOUJOURS À LA FIN...
... MAIS AVEC DES ALIENS AUSSI AVANCÉS, JE COMMENCE À DOUTER QUE NOUS AYONS DES CHANCES DE SURVIVRE SI ON SE FAIT ATTAQUER...

HÉHÉ OUI, JE PENSE QU'ON PEUT PASSER À L'UN DES ASPECTS LES PLUS SOMBRES DU PARADOXE DE FERMI...
LUMIÈRE QUI FAIT PEUR.
SNAP

L'HYPOTHÈSE DU...

SUPER PRÉDATEUR

SELON CETTE HYPOTHÈSE, IL EXISTE BIEN UN GRAND NOMBRE DE CIVILISATIONS EXTRATERRESTRES...
...MAIS TOUTES SONT VOLONTAIREMENT MUETTES OU MORTES.
EN EFFET, UNE FOIS EN CAPACITÉ TECHNIQUE D'ÉCOUTER ET DE COMMUNIQUER, CHAQUE CIVILISATION EXTRATERRESTRE AVANCÉE QUI CONSTATE, COMME NOUS, QU'ON N'ENTEND RIEN...
... POURRAIT EN VENIR À LA CONCLUSION QU'IL VAUT MIEUX RESTER DISCRET ET NE PAS ATTIRER L'ATTENTION...
... NON PAR PUDEUR...
... MAIS PAR PEUR DE RÉVÉLER SA PRÉSENCE !
DONC SI TOUT LE MONDE SE TAIT C'EST QU'IL Y A PEUT-ÊTRE UNE RAISON.

QUAND ON PENSE À L'HISTOIRE CHAOTIQUE DE NOTRE ESPÈCE, FAITE DE DRAMES, D'EXTERMINATIONS ET DE GUERRES, ON PEUT IMAGINER QUE CETTE PROPENSION À SE DÉZINGUER LES UNS LES AUTRES EST PEUT-ÊTRE UN TRAIT DE CARACTÈRE PARTAGÉ PAR BEAUCOUP D'AUTRES CIVILISATIONS DANS LE COSMOS.
EH BASTIEN, JE PEUX TE MONTRER QUELQUE CHOSE ?
?
OUI, QU'EST CE QU'IL Y A ?
AVEC LE PÔLE COMMUNICATION ON VEUT ENVOYER UN MESSAGE VERS UNE PLANÈTE QUI A UNE FORTE ACTIVITÉ SUR NOS RADARS.
TIENS LA VOILÀ, LA PLANÈTE « JOUPAAVEKMOA ».
ON PENSE QU'IL Y A TRÈS PROBABLEMENT DE LA VIE LÀ BAS.
EH BAH C'EST SUPER ÇA DIS DONC.
ON SE DEMANDAIT COMMENT ENTRER EN CONTACT AVEC EUX.
TU M'CONNAIS, NI UNE NI DEUX J'AI SORTI LES PINCEAUX...
AH NAN MAIS IL FAUT PAS TE LE DIRE DEUX FOIS TOI.

ON LEUR A ENVOYÉ ÇA. T'EN PENSES QUOI ?
PISS AND LOVE
WOUAH MAIS C'EST SUPER ! CHAPEAU !
J'ESPÈRE QU'ILS VONT COMPRENDRE LE MESSAGE.
MAIS OUI ! TU DESSINES SUPER BIEN !
C'EST VRAI ?
NAN MAIS ATTENDS C'EST TOP CE QUE T'AS FAIT. TU DESSINES BIEN, T'ES BEAU GOSSE... T'AS TOUT POUR TOI PHILIPPE !
AH BAH C'EST SYMPA ÇA.
IMAGINE, UNE CIVILISATION SUPERPRÉDATRICE, IMPÉRIALISTE ET TECHNIQUEMENT EN AVANCE.
ELLE POURRAIT CRAINDRE DE SE FAIRE ELLE-MÊME, UN JOUR, DÉPASSER ET ENVAHIR.

ELLE PRENDRAIT DONC GRAND SOIN D'EMPÊCHER L'ÉMERGENCE DE POTENTIELS CONCURRENTS, EN SUPPRIMANT DE FAÇON PRÉVENTIVE TOUTE AUTRE FORME D'INTELLIGENCE, PERÇUE COMME UNE MENACE.
BROOOOOO
VIVANT ! JE SUIS VIVAANT !
CE SILENCE INTERSTELLAIRE POURRAIT BIEN ÊTRE UN CIMETIÈRE DE CIVILISATIONS AYANT ÉTÉ PUNIES PAR LA PLUS ANCIENNE DE TOUTES, CELLE-CI VOULANT ASSURER SA DOMINATION GRÂCE À SON AVANCE TECHNOLOGIQUE.
NOTRE GALAXIE POURRAIT AINSI ABRITER UN GRAND NOMBRE DE CIVILISATIONS QUI, COMME NOUS, AIMERAIENT SAVOIR SI D'AUTRES EXISTENT, MAIS QUI, PAR PRINCIPE DE PRÉCAUTION, SE CONTENTENT SIMPLEMENT D'ÉCOUTER.
BLAAA
BLAAA
EUH...SI JE ME SOUVIENS BIEN, ON ENVOIE UN SACRÉ PAQUET DE SIGNAUX DANS L'ESPACE NOUS, LES HUMAINS...
EH OUI ! SI CETTE HYPOTHÈSE EST LA BONNE ALORS TOUT LE MONDE SE TAIT...
... SAUF NOUS ! HAHA !
JE SAIS PAS SI C'EST TRÈS AMUSANT...

EFFECTIVEMENT, CELA FAIT PLUSIEURS DÉCENNIES QU'ON ÉMET PLUS OU MOINS VOLONTAIREMENT DES SIGNAUX EN DIRECTION DU COSMOS.
ON A DÉJÀ PARLÉ DU MESSAGE ARECIBO MAIS DEPUIS LES ANNÉES 70 DES DIZAINES D'AUTRES SIGNAUX ONT ÉTÉ ENVOYÉS.
PRÈS DE 200 SONDES D'EXPLORATION ONT DÉJÀ QUITTÉ LA TERRE POUR EXPLORER NOTRE SYSTÈME SOLAIRE.
PARMI LES PLUS CÉLÈBRES ON PEUT CITER LES SONDES JUMELLES PIONEER 10 ET 11, LANCÉES EN 1972 ET 1973 ET SUR LESQUELLES A ÉTÉ VISSÉE UNE ÉTONNANTE PLAQUE MÉTALLIQUE.
SCHÉMA MONTRANT LES DEUX ÉTATS D'UN ATOME D'HYDROGÈNE.
TAILLE DE LA SONDE COMPARÉE À LA TAILLE HUMAINE.
POSITION DU SOLEIL DANS NOTRE GALAXIE.
ÇA C'EST NOUS ! COUCOUUU !
TRAJECTOIRE QUE PREND LA SONDE PAR RAPPORT À NOTRE SYSTÈME SOLAIRE.
SUR CETTE PLAQUE ÉTAIENT REPRÉSENTÉS UN HOMME ET UNE FEMME NUS, AINSI QUE DIFFÉRENTS SYMBOLES PERMETTANT, ENTRE AUTRES, DE LOCALISER LE SOLEIL ET LA TERRE.

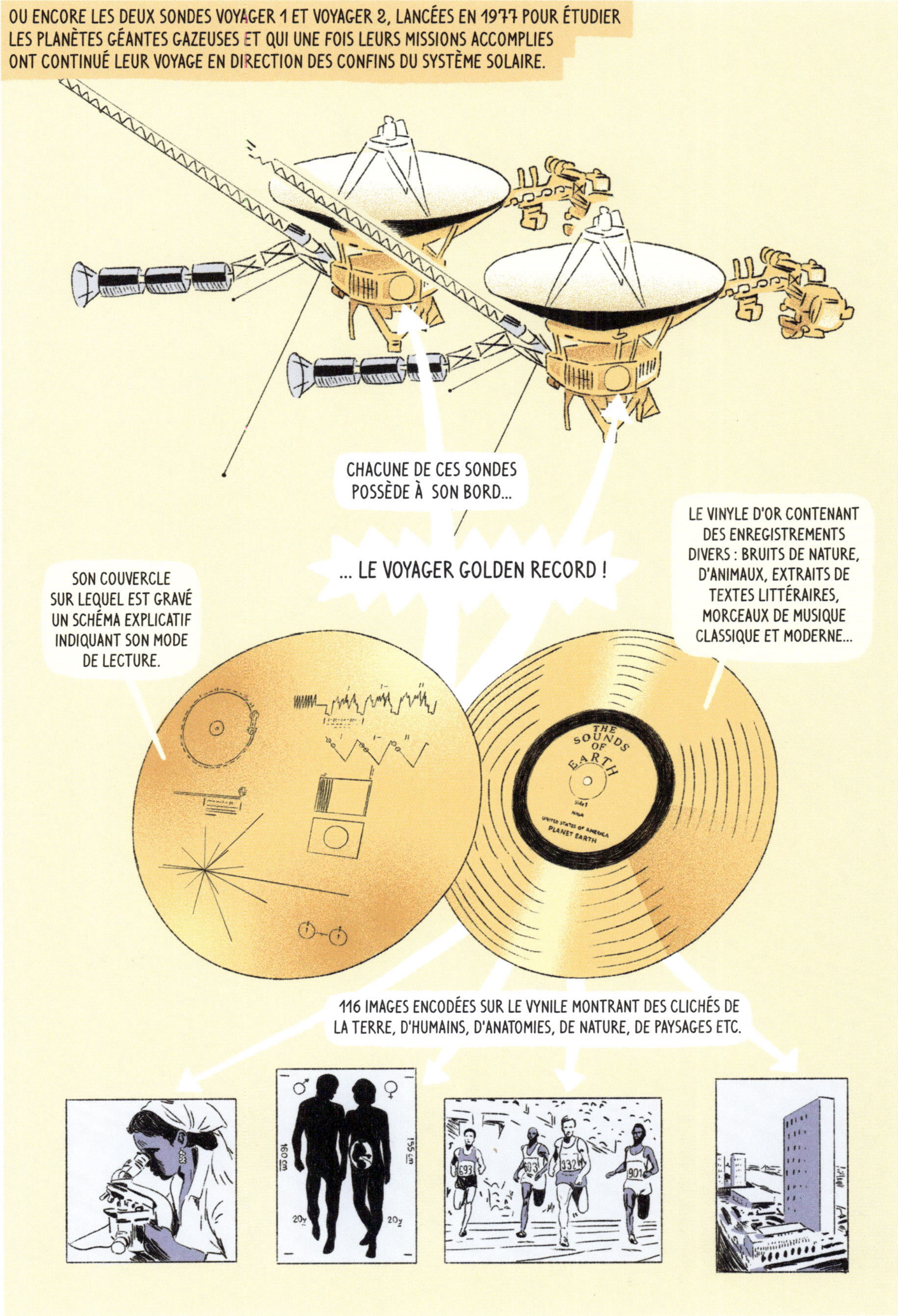
OU ENCORE LES DEUX SONDES VOYAGER 1 ET VOYAGER 2, LANCÉES EN 1977 POUR ÉTUDIER LES PLANÈTES GÉANTES GAZEUSES ET QUI UNE FOIS LEURS MISSIONS ACCOMPLIES ONT CONTINUÉ LEUR VOYAGE EN DIRECTION DES CONFINS DU SYSTÈME SOLAIRE.
CHACUNE DE CES SONDES POSSÈDE À SON BORD...
... LE VOYAGER GOLDEN RECORD !
SON COUVERCLE SUR LEQUEL EST GRAVÉ UN SCHÉMA EXPLICATIF INDIQUANT SON MODE DE LECTURE.
LE VINYLE D'OR CONTENANT DES ENREGISTREMENTS DIVERS : BRUITS DE NATURE, D'ANIMAUX, EXTRAITS DE TEXTES LITTÉRAIRES, MORCEAUX DE MUSIQUE CLASSIQUE ET MODERNE...
THE SOUNDS OF EARTH
UNITED STATES OF AMERICA
PLANET EARTH
116 IMAGES ENCODÉES SUR LE VYNILE MONTRANT DES CLICHÉS DE LA TERRE, D'HUMAINS, D'ANATOMIES, DE NATURE, DE PAYSAGES ETC.
160 cm
155 cm
20y
20y
693
603
332
901

BREF, ÇA FAIT DÉJÀ UN MOMENT QU'ON ENVOIE DES «BOUTEILLES À LA MER» COSMIQUES DANS L'ESPOIR QU'ELLES SOIENT UN JOUR DÉCOUVERTES PAR D'AUTRES CIVILISATIONS.
MAIS, EN RÉALITÉ, L'ESPACE EST SI VASTE ET CES SONDES SONT SI PETITES QU'ELLES SONT AVANT TOUT UN MESSAGE POUR NOUS-MÊME, UN GESTE SYMBOLIQUE.
LES SONDES VOYAGER PAR EXEMPLE NE VISENT PAS DE SYSTÈME STELLAIRE PARTICULIER. ET MÊME SI C'ÉTAIT LE CAS, PRÈS DE 75 000 ANS LEUR SERAIENT NÉCESSAIRES POUR ARRIVER À L'ÉTOILE LA PLUS PROCHE DE NOUS.
MAIS IL EST EFFRAYANT DE PENSER, QU'EN DIFFUSANT DES MESSAGES EN DIRECTION DU COSMOS AU MOYEN D'ONDES RADIOS…
BIP BIP
HUMAIN NOTICE :
POINTS FAIBLES
ADDICTION : TABAC ALCOOL JEU D'ARGENT
ÉLÉMENTS INDISPENSABLES :
EAU
NOURRITURE
OXYGÈNE
PHRASE D'ACCROCHE :
"JE VIENS EN PAIX"
… ON POURRAIT PERMETTRE À CEUX QUI PRUDEMMENT GARDENT LE SILENCE D'ÊTRE ENFIN FIXÉ QUANT À L'EXISTENCE DE SUPERPRÉDATEURS !
PAR ICI !
YOUHOUU !
HEY
C'EST LÀ
LAAAAAA
ici

EH FAYOFLEX, VIENS VOIR !
OUAIS QUOI ?
CLIC
C'EST LES HUMAINS. ILS NOUS ONT ENCORE ENVOYÉ DES TRUCS PAR ONDES RADIO, ÉCOUTE.
SON 1, LA MER : FROUIOUUU
SON 2, LE MOUTON : BÊÊÊÊÊÊÊH !
SON 3, LA VOITURE DE RENÉ BLOQUÉE SUR LA A2 EN DIRECTION DE MONTARGIS : POUIN POUINNNN ! MAIS IL VA LA BOUGER SA CAISSE OU BIEN !!!
SON 4, LA BELLE-MÈRE...
BIP
ET ÇA CONTINUE COMME ÇA PENDANT 6 HEURES...
C'EST INFERNAL, C'EST LE TROISIÈME SIGNAL RADIO CETTE SEMAINE.
BON ON LEUR RÉPOND ! J'EN PEUX PLUS MOI !
NON MAIS ÇA VA PAS ?! TU SAIS BIEN QUE C'EST INTERDIT !
QUELQUE PART DANS LA GALAXIE :
SON 1, LA MER : FROUIOUUU
SON 2, LE MOUTON : BÊÊÊÊÊÊÊH !
SON 3...

CLIC
ALLEZ ! C'EST JUSTE POUR LEUR DIRE DE LA BOUCLER !
MAIS IL EST FOU ! ON VA AVOIR DES PROBLÈMES AVEC TES BÊTISES !
BAOUUUUUM
ÇA VIENT DU SECTEUR B6 DU CÔTÉ DE LA CONSTELLATION DES XILOBLUB !
UN SUPERPRÉDATEUR !
COUPEZ TOUTES LES ÉCOUTES, PROTOCOLE TORTUX. ON SE FAIT OUBLIER PENDANT 1000 ANS.
POF
HEUREUSEMENT QU'ON A GARDÉ NOTRE SANG FROID.

OK, DONC SI ON SE FAIT DÉTRUIRE APRÈS AVOIR ENVOYÉ DES SIGNAUX ON AURA PROUVÉ AUX AUTRES CIVILISATIONS QU'ELLES NE SONT PAS SEULES ET QU'ELLES ONT RAISON DE GARDER LE SILENCE.
CHOCO
SE SACRIFIER POUR QUE TOUT LE RESTE DE LA GALAXIE SOIT FIXÉ SUR L'EXISTENCE DE CES MAUDITS SUPERPRÉDATEURS.
MMMH POURQUOI PAS !
MAIS... ATTEND... ON LES A ENVOYÉS TOUS CES SIGNAUX À CE QUE JE SACHE. ET ON EST ENCORE EN VIE !
TA THÉORIE NE TIENT PAS DEBOUT ! HA !
LE FAIT QU'ON NE SE SOIT PAS ENCORE FAIT ENVAHIR OU ANNIHILER MALGRÉ TOUT LE BOUCAN QU'ON FAIT NE SIGNIFIE PAS QU'IL N'Y A RIEN À CRAINDRE.
ON PEUT PAS AVOIR UN PEU D'ESPOIR AVEC TOI...

DES PRÉDATEURS SOUCIEUX D'ÉCONOMISER LEURS RESSOURCES POURRAIENT TRÈS BIEN AVOIR POUR DOCTRINE DE TOUJOURS ATTENDRE DANS UN PREMIER TEMPS...
... AFIN DE VOIR SI LES AUTRES CIVILISATIONS NE FINISSENT PAS PAR SE DÉTRUIRE D'ELLES-MÊMES, SANS QU'ILS AIENT BESOIN D'INTERVENIR.

UNE AUTRE OPTION. NOTRE SIGNAL POURRAIT TOUT SIMPLEMENT NE PAS ENCORE LEUR ÊTRE PARVENU.
TU TE SOUVIENS DE LA TAILLE DE NOTRE BULLE D'ÉMISSION ?

OU ALORS...
... LEUR RÉPONSE DÉPLAISANTE EST EN ROUTE.
ET... ON N'AURAIT AUCUNE CHANCE DE RIVALISER ?
EN SUPPOSANT QUE DES EXTRATERRESTRES SURDÉVELOPPÉS ET PÉTRIS DE MAUVAISES INTENTIONS...
... VIENNENT À TRAVERSER LE COSMOS POUR DÉTRUIRE NOTRE CIVILISATION, LA SEULE CHOSE QU'ON POURRAIT FAIRE...
... C'EST IMAGINER À QUELLE SAUCE ON SERAIT MANGÉ !
NAN MAIS LA MAXI DÉPRIME...

ALLEZ UN PEU D'IMAGINATION !
EST-CE QU'ILS UTILISERAIENT LEUR FAMEUX BON GROS LASER DESTRUCTEUR DE PLANÈTES ? UN GRAND CLASSIQUE...
... BIEN QUE PAS TRÈS DISCRET.
UNE STÉRILISATION TOTALE DE LA POPULATION ?
UN VIRUS INFORMATIQUE AMENANT LES TECHNOLOGIES À SE RETOURNER CONTRE NOUS ?
ILS POURRAIENT AUSSI TRIPLER LA TAILLE DE TOUTES LES AUTRES ESPÈCES ANIMALES !
EEEH ! IL Y A DE L'IDÉE !

HAHA, CE NE SERAIT PAS SI MAL TOUT COMPTE FAIT...
BON BAH JE CROIS QU'ON A TOUT CE QU'IL FAUT.
BIP
BIP
TU PENSES QUE TU AS ACHETÉ ASSEZ D'ALUMINIUM ?
T'OCCUPES.

EXTRAMARCHÉ
FIOUUU ! ÇA M'A USÉ CETTE MISSION COURSE ! JE PRENDRAIS BIEN UN PETIT CAFÉ.
EUH JE SAIS PAS SI ON A LE TEMPS. JE CROIS QU'ON DOIT RENTRER POUR...
POUR QUOI ?
La Comète
AAAAAAAAAAAH !

EN TERRASSE AU SOLEIL AVEC MA PETITE FILLE PRÉFÉRÉE !
ACHEVEZ-MOI MAINTENANT ALIENS !
JE PEUX MOURIR TRANQUILLE, EN GRAND-PÈRE COMBLÉ !
PAPI ... CETTE HISTOIRE DE SUPERPRÉDATEUR, C'EST UN PEU FARFELU NON ?
J'AI L'IMPRESSION QUE LE RÉEL ENJEU POUR NOUS ACTUELLEMENT, C'EST PLUTÔT LA SANTÉ DE NOTRE PLANÈTE.
TU AS SÛREMENT RAISON, LE PRINCIPAL DANGER QUI NOUS MENACE N'EST PEUT-ÊTRE PAS À CHERCHER CHEZ LES AUTRES, MAIS CHEZ NOUS-MÊMES !
C'EST EN TOUT CAS UNE LECTURE QUE PROPOSE LA TRÈS PERTURBANTE HYPOTHÈSE DU...

GRAND FILTRE

POUR BIEN COMPRENDRE CETTE HYPOTHÈSE, ON VA DEVOIR PARLER DE L'HISTOIRE DE LA VIE SUR NOTRE PLANÈTE ET DE SON ÉVOLUTION AU COURS DU TEMPS.

ON VA SE CONCENTRER SUR LE PARCOURS DE L'ESPÈCE HUMAINE ET LE REPRÉSENTER SOUS FORME D'UNE COURSE DE HAIE.

POUR ARRIVER JUSQU'À NOUS. UNE ESPÈCE INTELLIGENTE CAPABLE DE COMMUNIQUER EN DIRECTION DES ÉTOILES, IL A FALLU QUE LA VIE FRANCHISSE BON NOMBRE D'OBSTACLES.
DES MOLÉCULES COMPLEXES S'ASSEMBLENT ET SE RÉPLIQUENT POUR DONNER NAISSANCE AUX TOUTES PREMIÈRES FORMES DE VIE.
DES ESPÈCES DE PLUS EN PLUS COMPLEXES DÉVELOPPENT...
... UNE STRUCTURE OSSEUSE INTERNE,...
... UNE MÂCHOIRE.
LES PREMIERS ANIMAUX SORTENT DE L'EAU.
DES REPTILES MAMMALIENS PEUVENT PONDRE LEURS ŒUFS À L'AIR LIBRE.
EXTINCTION DES DINOSAURES.
LES PETITS MAMMIFÈRES PROLIFÈRENT.
DES PRIMATES DÉVELOPPENT DES MAINS DOTÉS DE POUCES OPPOSABLES.
CERTAINS SE LÈVENT SUR LEURS DEUX PATTES ARRIÈRES.

DES MICRO-ORGANISMES UNICELLULAIRES SE COMPLEXIFIENT ET DEVIENNENT DES CELLULES AVEC NOYAUX.
PLUSIEURS CELLULES S'ASSEMBLENT POUR FORMER LES PREMIERS ORGANISMES MULTICELLULAIRES.
JUSQU'À DONNER NAISSANCE À UNE CIVILISATION AVANCÉE CAPABLE DE COMMUNIQUER EN DIRECTION DES ÉTOILES.
UNE ESPÈCE DÉVELOPPE PROGRESSIVEMENT UN CERVEAU DE PLUS EN PLUS IMPOSANT ET PERFORMANT.

CE QUE L'HYPOTHÈSE DU GRAND FILTRE NOUS DIT C'EST QUE TOUTES CES ÉTAPES...
... PEUVENT CONSTITUER SUR LES MILLIARDS D'AUTRES PLANÈTES HABITABLES DES SORTES DE BARRIÈRES INFRANCHISSABLES...
.... EMPÊCHANT LA MONTÉE EN COMPLEXITÉ DU VIVANT.
AUTREMENT DIT, SUR DES MILLIARDS D'AUTRES MONDES, CERTAINS OBSTACLES ONT ÉTÉ IMPOSSIBLES À SURMONTER !
#1
ALORS ATTENTION. CETTE HYPOTHÈSE PROPOSE DEUX SCÉNARIOS.
#2

SCÉNARIO 1 :
LE GRAND FILTRE EST DERRIÈRE NOUS.
SI NOUS SOMMES, AVEC LES AUTRES VIVANTS SUR TERRE, VÉRITABLEMENT SEULS DANS L'UNIVERS, ALORS ÉTRANGEMENT, C'EST POUR NOUS UNE TRÈS BONNE NOUVELLE.
CELA SIGNIFIE QUE LE PIRE EST DERRIÈRE NOUS !
LE PLUS TERRIBLE DES OBSTACLES POURRAIT SE SITUER AU NIVEAU DU DÉPART LUI MÊME !
LA COURSE DE LA VIE
À VOS MARQUES...
LA COURSE DE LA VIE
PRÊTS...
LA COURSE DE LA VIE
... PARTEZ !
SAUF TOI !
ET TOI AUSSI ! NYAHAHAHAHA !
BAM
BAM

QUAND ON Y PENSE, QUELLES ÉTAIENT LES CHANCES QUE, SUR NOTRE PLANÈTE, DE LA MATIÈRE INERTE S'ORGANISE PUIS SE RÉPLIQUE POUR DONNER NAISSANCE À DU VIVANT ?
C'EST UN MYSTÈRE QU'ON TENTE DE PERCER DEPUIS DES DÉCENNIES ET PERSONNE N'A ENCORE RÉUSSI À FAIRE ÉMERGER DE LA VIE À PARTIR DE MATIÈRE INANIMÉE.
MAIS RÉVEILLE-TOIII !
LA PROBABILITÉ DE PASSER DE L'INERTE AU VIVANT POURRAIT DONC ÊTRE PROCHE DE ZÉRO, MÊME DANS LES CONDITIONS LES PLUS PROPICES.
MAIS RÉVEILLE-TOIII !
LE FAIT QUE CE SOIT ARRIVÉ SUR TERRE POURRAIT AINSI RELEVER DE L'EXCEPTION.
DANS TOUS LES CAS, QUE L'OBSTACLE INSURMONTABLE SE SITUE AU NIVEAU DU DÉPART OU QUE LES BARRIÈRES IMPOSSIBLES À FRANCHIR SE MANIFESTENT PLUS TARD, AU FINAL, LE RÉSULTAT EST LE MÊME.
L'APPARITION DE FORMES DE VIE INTELLIGENTE EST UN PHÉNOMÈNE SI RARE QU'IL N'Y A PRESQUE AUCUNE AUTRE FORME DE VIE AILLEURS DANS L'UNIVERS.
1
2
3

NOUS SERIONS ALORS... LES SEULES FORMES DE VIE INTELLIGENTE EN MESURE DE COMMUNIQUER EN DIRECTION DES ÉTOILES ?
ÇA MET UN PEU LA PRESSION !
OUI, MAIS CE SERAIT TOUJOURS MIEUX QUE L'AUTRE ASPECT DU GRAND FILTRE.
SCÉNARIO 2 :
LE GRAND FILTRE EST DEVANT NOUS.
DANS CE CAS, SI L'APPARITION DE FORMES DE VIE INTELLIGENTE EST UN PROCESSUS PLUTÔT BANALS,...
... ALORS CE GRAND SILENCE EST UNE TRÈS MAUVAISE NOUVELLE POUR NOUS.
CAR CELA IMPLIQUE QU'UN GRAND NOMBRE DE CIVILISATIONS EXTRATERRESTRES SONT APPARUES AVANT LA NÔTRE.

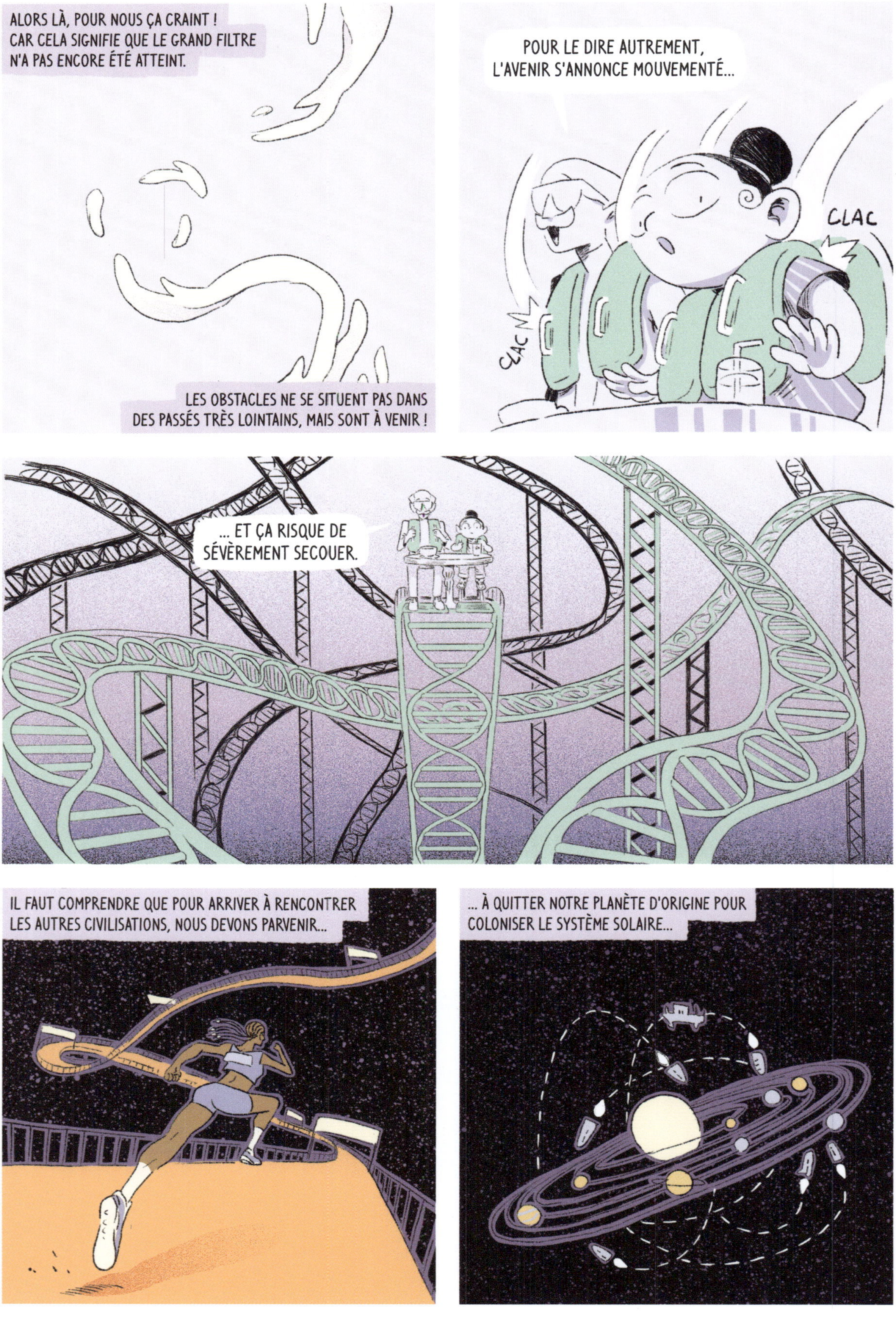
ALORS LÀ, POUR NOUS ÇA CRAINT !
CAR CELA SIGNIFIE QUE LE GRAND FILTRE N'A PAS ENCORE ÉTÉ ATTEINT.
LES OBSTACLES NE SE SITUENT PAS DANS DES PASSÉS TRÈS LOINTAINS, MAIS SONT À VENIR !
POUR LE DIRE AUTREMENT, L'AVENIR S'ANNONCE MOUVEMENTÉ...
CLAC
CLAC
... ET ÇA RISQUE DE SÉVÈREMENT SECOUER.
IL FAUT COMPRENDRE QUE POUR ARRIVER À RENCONTRER LES AUTRES CIVILISATIONS, NOUS DEVONS PARVENIR...
... À QUITTER NOTRE PLANÈTE D'ORIGINE POUR COLONISER LE SYSTÈME SOLAIRE...

PUIS EN SORTIR, POUR PRENDRE LA DIRECTION D'AUTRES ÉTOILES…
… AVANT D'ÊTRE CAPABLES DE VISITER L'ENSEMBLE DE NOTRE GALAXIE.
SI CHACUNE DE CES ÉTAPES ÉTAIT FACILE À FRANCHIR, LE CIEL DEVRAIT ÊTRE REMPLI DE TRACES DE CES CIVILISATIONS.
MAIS CE N'EST PAS LE CAS, ET C'EST POUR CELA QUE CE GRAND SILENCE ASSOURDISSANT EST PEUT-ÊTRE EN CREUX UN HURLEMENT D'AVERTISSEMENT.
CAR SI AUCUNE CIVILISATION AVANCÉE N'A RÉUSSI À SURMONTER LES OBSTACLES QUI NOUS ATTENDENT, IL N'Y A PAS DE RAISON DE PENSER QUE NOUS NOUS EN SORTIRIONS MIEUX QUE LES AUTRES.
IL FAUT BIEN COMPRENDRE QU'ON NE PARLE PAS ICI DE SIMPLES SOUBRESAUTS MOMENTANÉS DE L'HISTOIRE QUI VIENDRAIENT RALENTIR UNE CIVILISATION DANS SA PROGRESSION, AVANT QUE CELLE-CI UNE FOIS REMISE NE SE RELÈVE ET REPRENNENT SA COURSE.

MAIS BIEN D'ÉVÉNEMENTS SI DRAMATIQUES QU'ILS SONT EN MESURE D'ANNIHILER, OU DE RÉDUIRE DE MANIÈRE DRASTIQUE ET PERMANENTE LE DÉVELOPPEMENT DU VIVANT INTELLIGENT.
PARMI LA LONGUE LISTE DES CANDIDATS POUVANT PRÉTENDRE AU TITRE MORTIFÈRE DE GRAND FILTRE, ON RETROUVE...
... DES CATASTROPHES ENVIRONNEMENTALES D'AMPLEUR PLANÉTAIRE,...
... UNE GUERRE NUCLÉAIRE TOTALE OU DES EXPÉRIENCES DE PHYSIQUE DE HAUTES ÉNERGIES INCONTRÔLÉES,...
... DES IMPACTS D'ASTÉROÏDES,....
... L'INCAPACITÉ À MAÎTRISER CERTAINES TECHNOLOGIES QUI FINISSENT PAR DÉPASSER LES ESPÈCES INTELLIGENTES QUI LES ONT CRÉÉES,...

... DES SUPER VIRUS OU BACTÉRIES GÉNÉTIQUEMENT MODIFIÉES,...
... OU ENCORE L'ÉPUISEMENT DES RESSOURCES DISPONIBLES, ENTRAÎNANT UNE RÉGRESSION TECHNOLOGIQUE ET RENVOYANT À L'ÂGE DE PIERRE.
YOUHOUUU ! ALLEZ, TROUVE D'AUTRES EXEMPLES !
NON MERCI, ÇA VA ALLER.
MAIS SI JE COMPRENDS BIEN, CES ÉVÈNEMENTS N'ENTRAÎNENT PAS FORCÉMENT LA DISPARITION TOTALE DE LA VIE INTELLIGENTE ?
EN EFFET, L'HYPOTHÈSE D'UN GRAND FILTRE N'IMPLIQUE PAS NÉCESSAIREMENT QUE TOUS LES EXTRATERRESTRES SE SOIENT ÉTEINTS.
BOP
CERTAINS EXISTENT PEUT-ÊTRE TOUJOURS, MAIS SONT INCAPABLES D'EXPLORER LE COSMOS COMME D'ENVOYER OU RECEVOIR DES SIGNAUX.

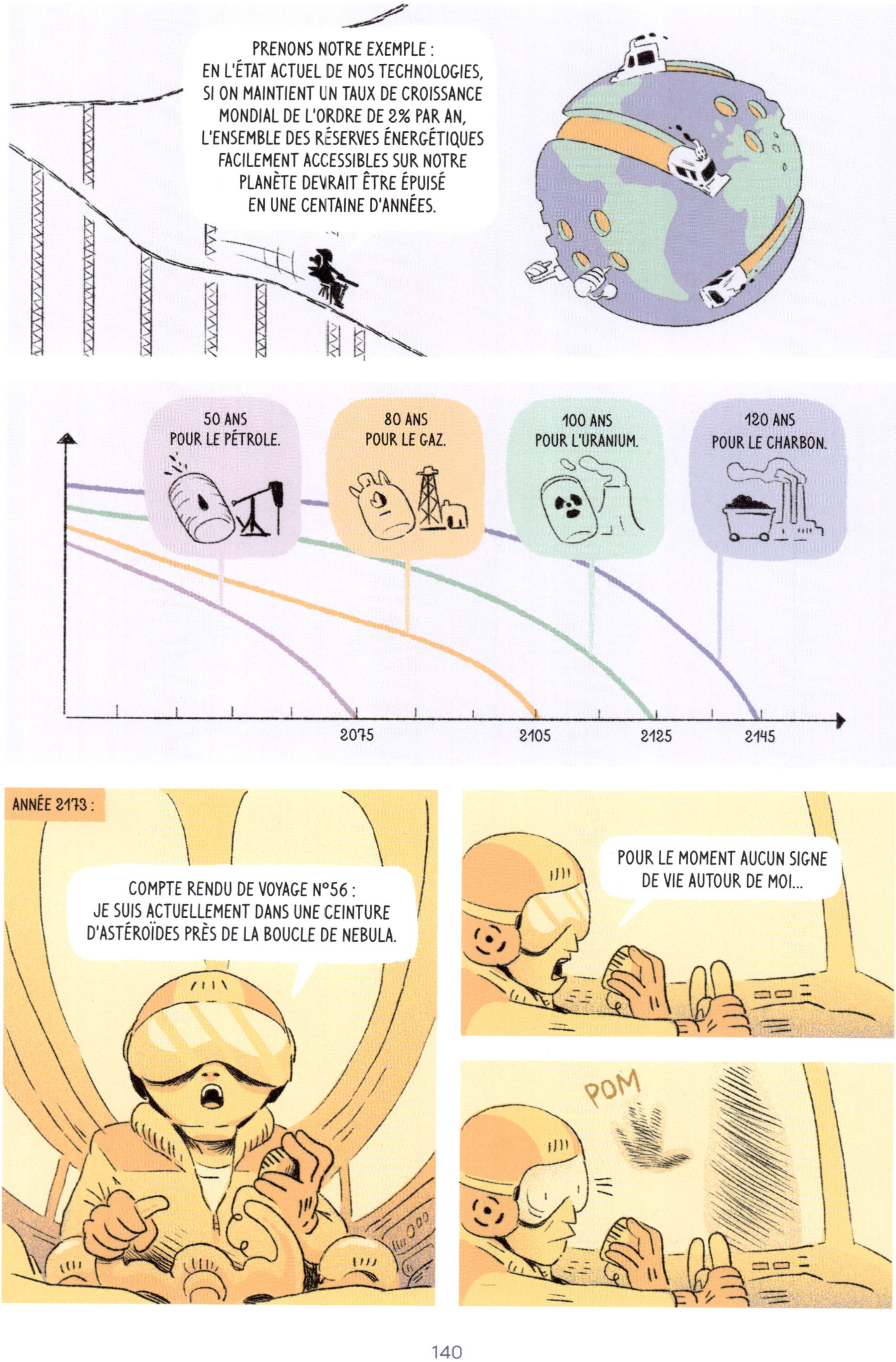
PRENONS NOTRE EXEMPLE : EN L'ÉTAT ACTUEL DE NOS TECHNOLOGIES, SI ON MAINTIENT UN TAUX DE CROISSANCE MONDIAL DE L'ORDRE DE 2% PAR AN, L'ENSEMBLE DES RÉSERVES ÉNERGÉTIQUES FACILEMENT ACCESSIBLES SUR NOTRE PLANÈTE DEVRAIT ÊTRE ÉPUISÉ EN UNE CENTAINE D'ANNÉES.
50 ANS POUR LE PÉTROLE.
80 ANS POUR LE GAZ.
100 ANS POUR L'URANIUM.
120 ANS POUR LE CHARBON.
2075
2105
2125
2145
ANNÉE 2173 :
COMPTE RENDU DE VOYAGE N°56 : JE SUIS ACTUELLEMENT DANS UNE CEINTURE D'ASTÉROÏDES PRÈS DE LA BOUCLE DE NEBULA.
POUR LE MOMENT AUCUN SIGNE DE VIE AUTOUR DE MOI...
POM

OH MON DIEU ! UN ALIEN ! JE CROIS QU'IL ESSAYE DE RENTRER DANS LE COCKPIT !
JE VAIS DEVOIR UTILISER L'ULTRA PUISSANCE POUR SEMER CETTE VILE CRÉATURE !
PPFFRRTTRRPPRRR PRROUUUUFFIOUUUU !!
MARCEL ARRÊTE DE JOUER MAINTENANT...
... LES TOMATES VONT PAS SE PLANTER TOUTES SEULES.
CES SATANÉES BESTIOLES ONT APPRIS MON LANGAGE ! ELLES VEULENT ENTRER DANS MA TÊTE À L'AIDE DE LEURS POUVOIRS PSYCHIQUES SUR-DÉVELOPPÉS !
AUTODESTRUCTION DE L'APPAREIL DANS 3, 2, 1...
POUR RÉSUMER, CE GRAND SILENCE INTERSTELLAIRE SERAIT LE BRUIT D'UN IMMENSE CIMETIÈRE. REMPLI DE TOMBES CREUSÉES À GRANDS COUPS D'ÉCHECS TECHNOLOGIQUES, D'EFFONDREMENTS ET DE GUERRES.
RIP
RIP
RIP
RIP
RIP
JE PROPOSE DE RENDRE HOMMAGE À TOUS CES ÊTRES VIVANTS, RÉELS OU IMAGINAIRES, QUI ONT AINSI ÉTÉ STOPPÉS NET DANS LEUR ÉLAN.
ENSEMBLE, MARQUONS UNE MINUTE DE...

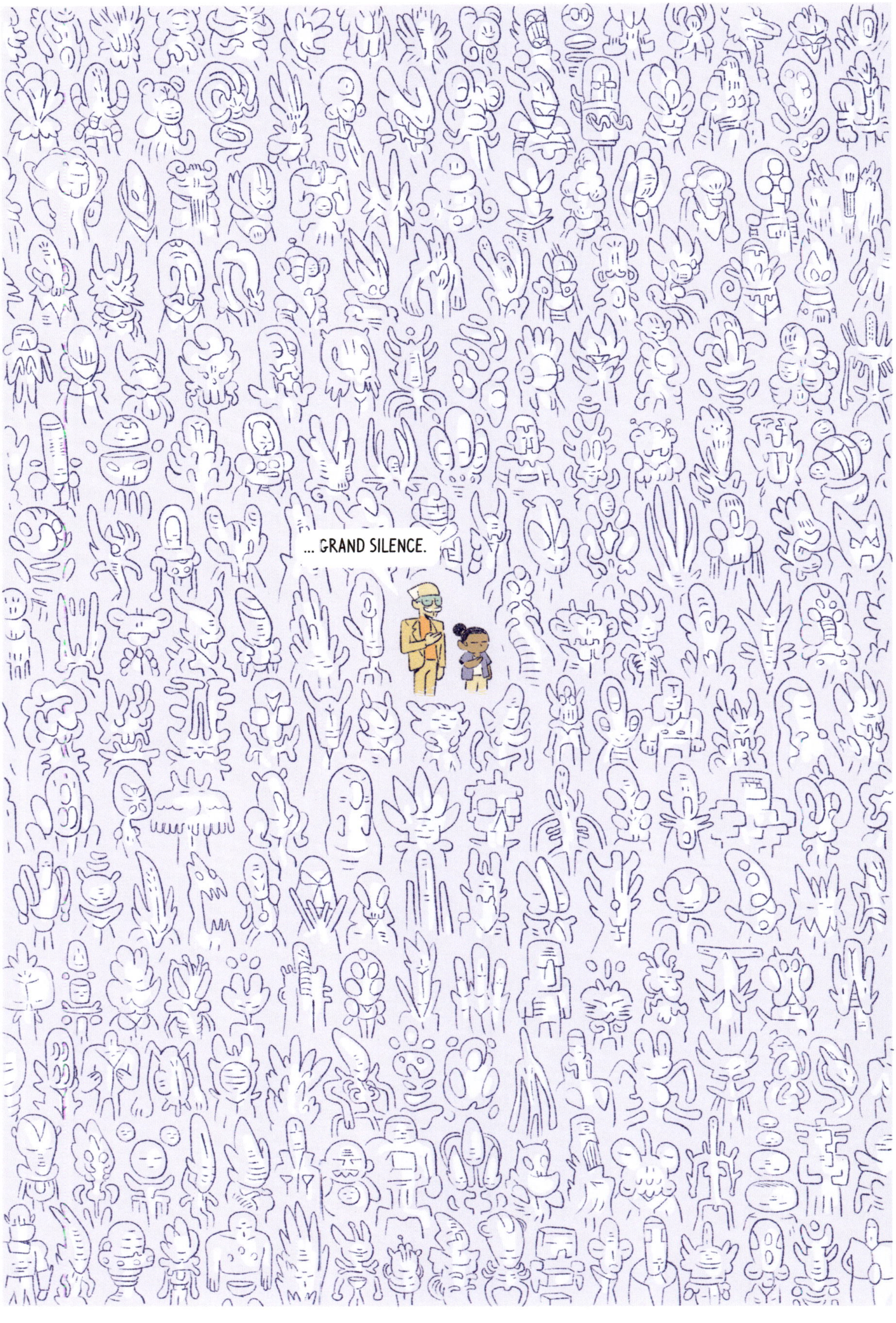
... GRAND SILENCE.

ON RENTRE ?

FOUIP
PUF
PUF
BAM
BAM
BAM
TU VAS OÙ COMME ÇA ?
SUR LE CANAPÉ, FAIRE UNE PETITE SIESTE.
ÇA VA PAS ÊTRE POSSIBLE.
AH ? POURQUOI ÇA ?
T'EN POSES DE CES QUESTIONS, FIOUU !

TU SAIS, J'AI LU UN TRUC SUR LES SIESTES, C'EST VRAIMENT PAS BON POUR LA SANTÉ. ÇA TE DÉRÈGLE TON SOMMEIL T'AS PAS IDÉE.
DU COUP, TU DORS MOINS LA NUIT. UNE HEURE PAR-CI, UNE HEURE PAR-LÀ ET UN BEAU JOUR... PAF ! TU TE RENDS COMPTE QUE TU VIS LA NUIT !
ALORS LÀ C'EST TERMINÉ POUR ENTRETENIR DES RELATIONS SOCIALES, SAUF SI TU SAIS COMMUNIQUER AVEC EUUH... DES CHOUETTES OU DES CHAUVES-SOURIS !
PAR CONTRE TU SAIS CE QU'IL TE FAUDRAIT ?
DU SOLEIL...
...UNE BONNE DOSE DE VITAMINE D.
MAIS QU'EST CE QUE JE VOIS ?! REGARDE, IL EST LÀ ! PRÊT À NOUS DONNER SES DERNIERS RAYONS !
ALLEZ HOP !
UN PETIT TOUR DANS LE JARDIN ÇA VA NOUS FAIRE DU BIEN !
ET NOTRE PARADOXE DE FERMI ?
ÇA Y EST, ON A VU TOUTES LES HYPOTHÈSES ?

OUI, ON EN A SURVOLÉ L'ESSENTIEL EN EFFET.
CELA DIT, EN L'ABSENCE DE RÉPONSE DE LA PART DE NOS COLLÈGUES COSMIQUES, LA SEULE LIMITE QUI NOUS FREINE POUR EN TROUVER DAVANTAGE, C'EST NOTRE IMAGINATION.
MAIS J'AI ENCORE UN PETIT TRUC À TE MONTRER.
ATTENTION...
T'ES PRÊTE ?
POM
CLAC
$R^* \times f_p \times n_e \times f_e \times f_i \times f_c \times L = N$
TADAAA !
C'EST DU LANGAGE EXTRATERRESTRE ?

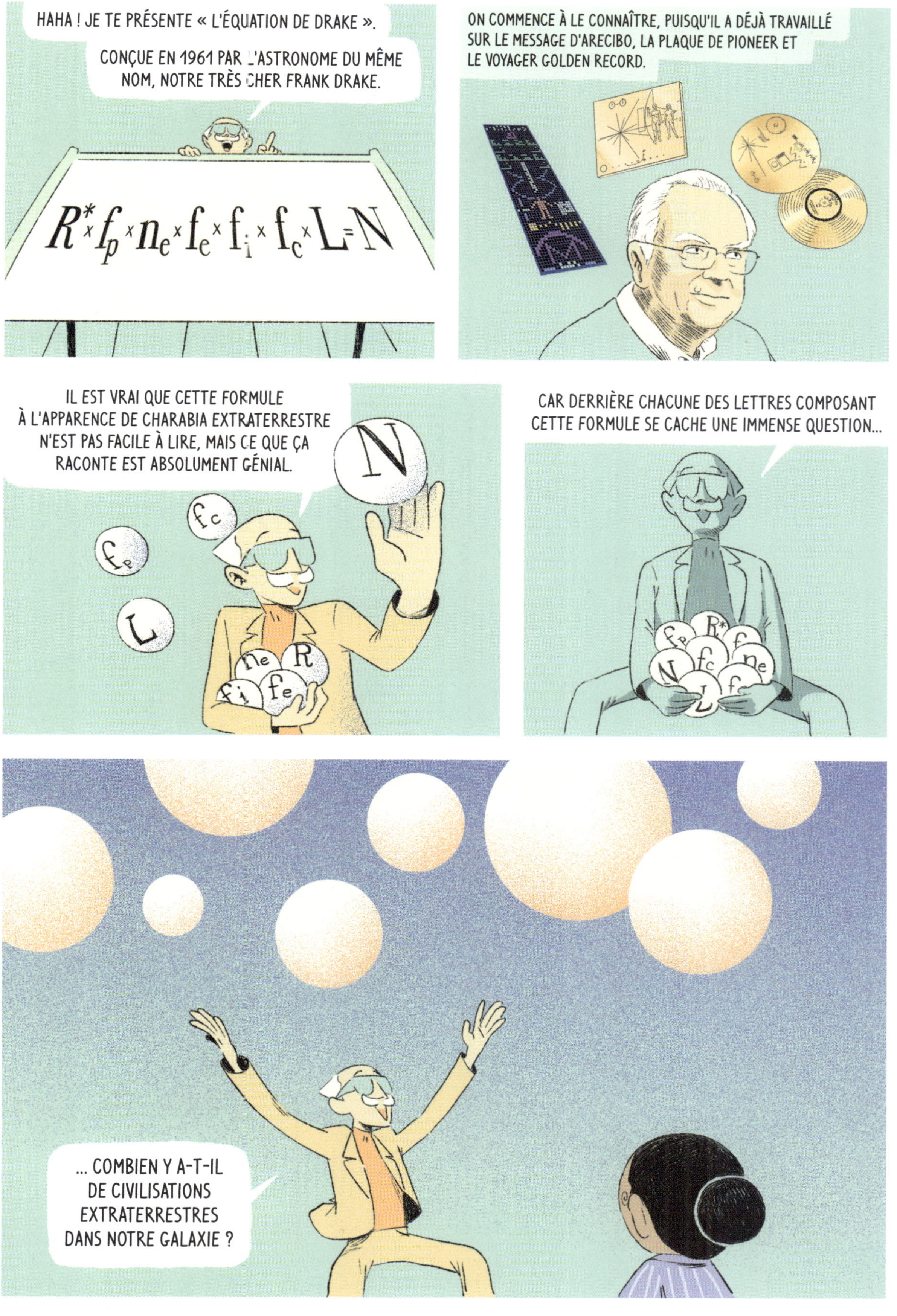
HAHA ! JE TE PRÉSENTE « L'ÉQUATION DE DRAKE ».
CONÇUE EN 1961 PAR L'ASTRONOME DU MÊME NOM, NOTRE TRÈS CHER FRANK DRAKE.
R* x fp x ne x fe x fi x fc x L = N
ON COMMENCE À LE CONNAÎTRE, PUISQU'IL A DÉJÀ TRAVAILLÉ SUR LE MESSAGE D'ARECIBO, LA PLAQUE DE PIONEER ET LE VOYAGER GOLDEN RECORD.
IL EST VRAI QUE CETTE FORMULE À L'APPARENCE DE CHARABIA EXTRATERRESTRE N'EST PAS FACILE À LIRE, MAIS CE QUE ÇA RACONTE EST ABSOLUMENT GÉNIAL.
CAR DERRIÈRE CHACUNE DES LETTRES COMPOSANT CETTE FORMULE SE CACHE UNE IMMENSE QUESTION...
... COMBIEN Y A-T-IL DE CIVILISATIONS EXTRATERRESTRES DANS NOTRE GALAXIE ?

REGARDONS CELA DE PLUS PRÈS.
QUE SIGNIFIE CHACUNE DE CES VALEURS ?
ZEEEEEN
LE NOMBRE D'ÉTOILES STABLES QUI SE FORMENT ANNUELLEMENT DANS NOTRE GALAXIE.
BIENVENUE
LA PART DE CES PLANÈTES SUSCEPTIBLES D'ACCUEILLIR LA VIE.
R* × fp × ne × fe
LA PART DES ÉTOILES POSSÉDANT DES PLANÈTES EN LEUR ORBITE.
LA PART DE CES PLANÈTES QUI ACCUEILLENT EFFECTIVEMENT LA VIE.

LA PROBABILITÉ POUR QU'UNE CIVILISATION DOTÉE DE RAISON SE DÉVELOPPE SUR UNE DE CES PLANÈTES.
LA DURÉE MOYENNE D'EXISTENCE DE CES CIVILISATIONS.
$f_i \times f_c \times L = N$
LA PART DE CES CIVILISATIONS AYANT ATTEINT DES CAPACITÉS TECHNOLOGIQUES PERMETTANT DE SE MANIFESTER ET ÉTANT DÉSIREUSES DE LE FAIRE.
EN MULTIPLIANT LE TOUT, NOUS OBTENONS LE GRAAL :
LE NOMBRE ESTIMÉ DE CIVILISATIONS EXTRATERRESTRES DANS NOTRE GALAXIE.

ÉVIDEMMENT, LE PROBLÈME, C'EST QUE LA VALEUR DE LA PLUPART DE CES VARIABLES NOUS EST PARFAITEMENT INCONNUE... C'EST POUR ÇA QUE C'EST SI COMPLIQUÉ DE COMPTER LES ALIENS !
ON N'EN CONNAÎT VRAIMENT AUCUNE ?
ON COMMENCE À AVOIR UNE BONNE IDÉE DE LA VALEUR DE CERTAINES D'ENTRE ELLES ! PAR EXEMPLE, ON EST AUJOURD'HUI CAPABLE D'ESTIMER AVEC UNE GRANDE PRÉCISION LE NOMBRE D'ÉTOILES DANS NOTRE GALAXIE, AINSI QUE LEUR TAUX DE FORMATION.
$R^* \times f_p \times n_e \times f_e \times f_i \times f_c \times L = N$
ET PUIS, AVEC LE PROGRÈS DE NOS TÉLESCOPES, ON CONNAÎT AVEC TOUJOURS PLUS D'EXACTITUDE LA PROPORTION DES ÉTOILES QUI POSSÈDENT AUTOUR D'ELLES DES SYSTÈMES PLANÉTAIRES !
ELLES SONT UN PEU TIMIDES.
$R^* \times f_p \times n_e \times f_e \times f_i \times f_c \times L = N$
ON COMMENCE MÊME À S'APPROCHER DU NOMBRE DE PLANÈTES POTENTIELLEMENT HABITABLES DANS NOTRE GALAXIE.
$R^* \times f_p \times n_e \times f_e \times f_i \times f_c \times L = N$
MAIS POUR LE RESTE, C'EST ENCORE EXTRÊMEMENT FLOU CAR LES DERNIERS TERMES DE L'ÉQUATION DEMEURENT TOTALEMENT SUJET À SPÉCULATION ET DONNENT SOUVENT LIEU À DES DÉBATS PASSIONNÉS ENTRE SPÉCIALISTES.
$R^* \times f_p \times n_e \times f_e \times f_i \times f_c \times L = N$

CETTE FORMULE N'EN EST PAS MOINS UN TERRAIN DE JEU FASCINANT À ARPENTER POUR AIGUISER NOTRE IMAGINATION.
ELLE NOUS PERMET AUSSI D'EN APPRENDRE UN PEU PLUS SUR NOUS-MÊMES ET SUR LA MANÈRE DONT NOUS ENVISAGEONS LA VIE AILLEURS DANS L'UNIVERS.
CONCERNANT L'EXISTENCE DES EXTRATERRESTRES, ÊTES-VOUS PLUTÔT PESSIMISTES OU OPTIMISTES ?
C'EST LE VERRE À MOITIÉ PLEIN OU À MOITIÉ VIDE.
L'APPARITION DE LA VIE EST-IL UN PHÉNOMÈNE EXTRÊMEMENT RARE...
... OU D'UNE BANALITÉ AFFLIGEANTE ?
LES ÊTRES DOUÉS DE RAISON SONT-ILS UNE ANOMALIE OU QUELQUE CHOSE DE TOUT À FAIT COMMUN ?

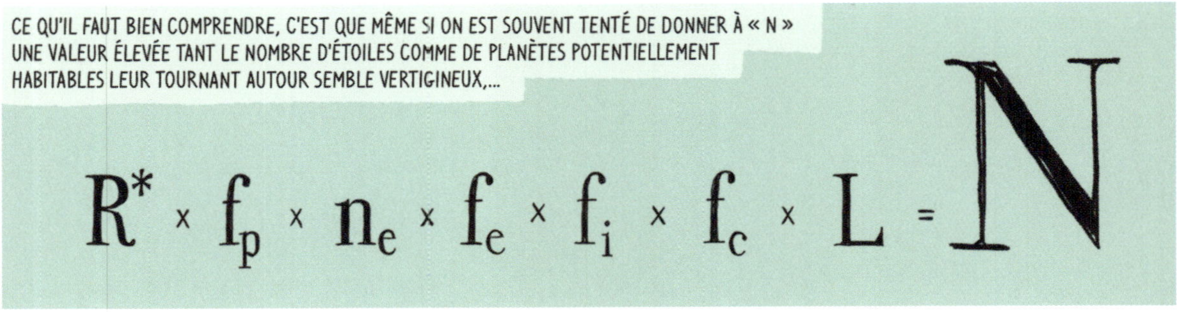
CE QU'IL FAUT BIEN COMPRENDRE, C'EST QUE MÊME SI ON EST SOUVENT TENTÉ DE DONNER À « N » UNE VALEUR ÉLEVÉE TANT LE NOMBRE D'ÉTOILES COMME DE PLANÈTES POTENTIELLEMENT HABITABLES LEUR TOURNANT AUTOUR SEMBLE VERTIGINEUX,...
$R^* \times f_p \times n_e \times f_e \times f_i \times f_c \times L = N$

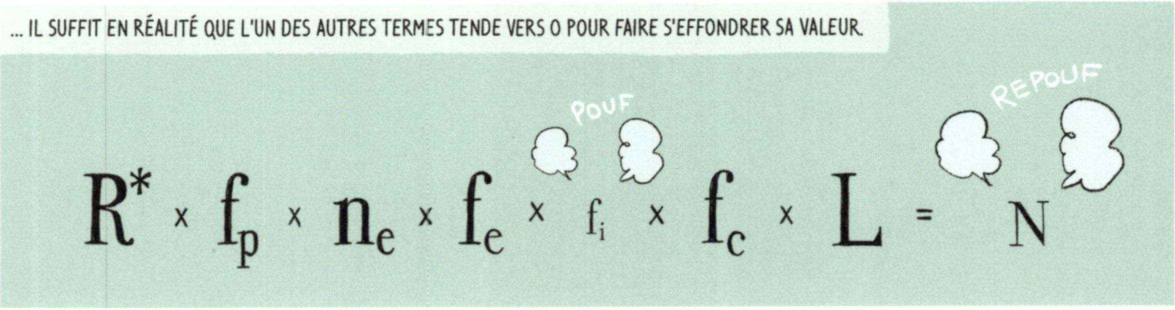
... IL SUFFIT EN RÉALITÉ QUE L'UN DES AUTRES TERMES TENDE VERS 0 POUR FAIRE S'EFFONDRER SA VALEUR.
POUF
REPOUF
$R^* \times f_p \times n_e \times f_e \times f_i \times f_c \times L = N$

POUR SE FAIRE UNE IDÉE DE L'AMPLEUR DE L'INCONNU, LA PREMIÈRE FOIS QUE DRAKE ET SES COLLÈGUES SE SONT PENCHÉS SUR CETTE FORMULE, LA FOURCHETTE DES VALEURS QU'ILS OBTENAIENT POUR « N » ALLAIT DE 240 À 200 MILLIONS DE CIVILISATIONS !
UNE MANIÈRE MATHÉMATIQUE DE DIRE QU'ON N'EN SAIT RIEN.
240
????
200.000.000

AUJOURD'HUI LES ESTIMATIONS TOURNENT AUTOUR DE QUELQUES MILLIERS À QUELQUES CENTAINES DE MILLIERS EN MOYENNE.
MAIS POUR D'AUTRES NOUS SERIONS ABSOLUMENT SEULS ...

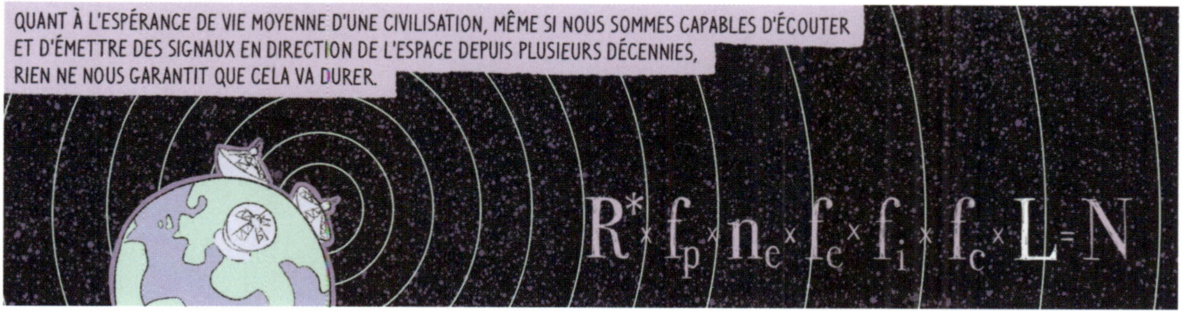
QUANT À L'ESPÉRANCE DE VIE MOYENNE D'UNE CIVILISATION, MÊME SI NOUS SOMMES CAPABLES D'ÉCOUTER ET D'ÉMETTRE DES SIGNAUX EN DIRECTION DE L'ESPACE DEPUIS PLUSIEURS DÉCENNIES, RIEN NE NOUS GARANTIT QUE CELA VA DURER.
$R^* \times f_p \times n_e \times f_c \times f_i \times f_c \times L = N$

SUR NOTRE PLANÈTE, LA CIVILISATION ROMAINE A TUTOYÉ LE MILLÉNAIRE,...

... CELLE DES MAYAS A PERDURÉ PRÈS DE DEUX MILLÉNAIRES,...

... QUANT À LA CIVILISATION ÉGYPTIENNE, ELLE EST RESTÉE DEBOUT PRÈS DE 3000 ANS.

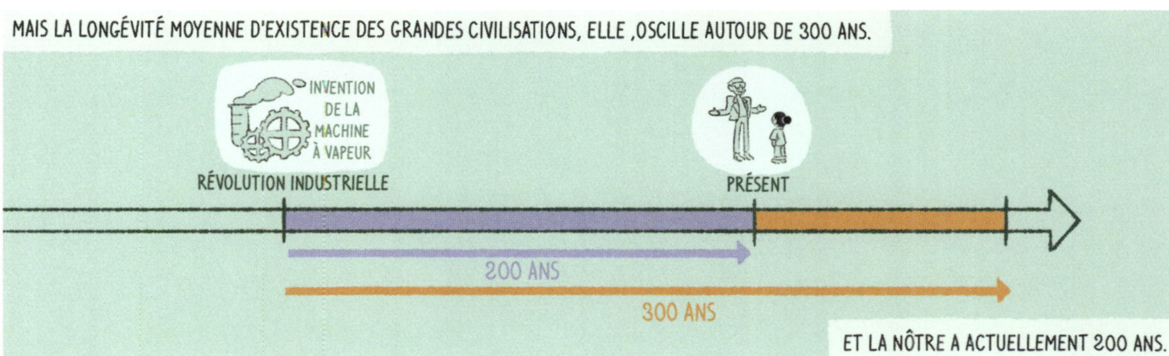
MAIS LA LONGÉVITÉ MOYENNE D'EXISTENCE DES GRANDES CIVILISATIONS, ELLE ,OSCILLE AUTOUR DE 300 ANS.
INVENTION DE LA MACHINE À VAPEUR
RÉVOLUTION INDUSTRIELLE
PRÉSENT
200 ANS
300 ANS
ET LA NÔTRE A ACTUELLEMENT 200 ANS.

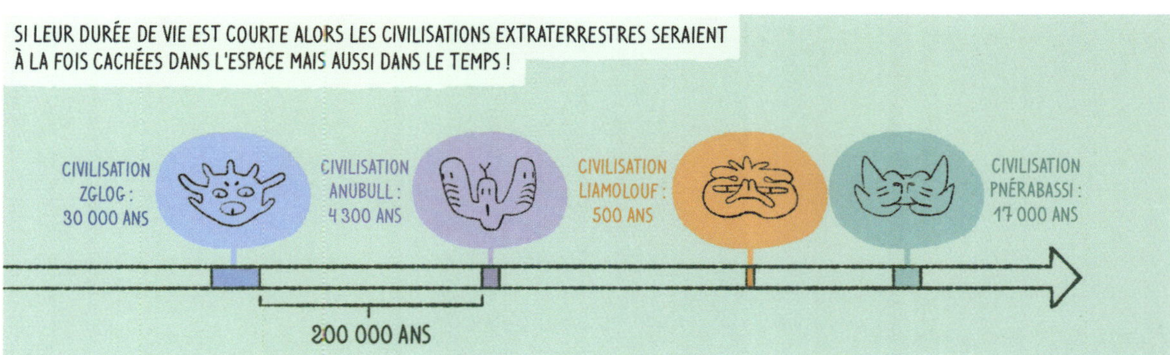
SI LEUR DURÉE DE VIE EST COURTE ALORS LES CIVILISATIONS EXTRATERRESTRES SERAIENT À LA FOIS CACHÉES DANS L'ESPACE MAIS AUSSI DANS LE TEMPS !
CIVILISATION ZGLOG : 30 000 ANS
CIVILISATION ANUBULL : 4 300 ANS
CIVILISATION LIAMOLOUF : 500 ANS
CIVILISATION PNÉRABASSI : 17 000 ANS
200 000 ANS

$R^* \times f_p \times n_e \times f_e \times f_i \times f_c \times L = N$
NOUS CONCERNANT, « L » EST ÉGOÏSTEMENT LE TERME QUE L'ON VOUDRAIT VOIR LE PLUS GRAND POSSIBLE.
MAIS C'EST AUSSI LE SEUL SUR LEQUEL ON A UN RÉEL POUVOIR, CAR ON PEUT, PAR NOTRE COMPORTEMENT ET NOS ACTIONS, L'INFLUENCER DIRECTEMENT.
IL EST DONC DE NOTRE RESPONSABILITÉ DE TENIR DANS LE TEMPS POUR UN JOUR ÊTRE EN MESURE DE DISCUTER AVEC D'HYPOTHÉTIQUES « AUTRES ».
TÂCHONS D'EXISTER LE PLUS LONGTEMPS POSSIBLE POUR DONNER TORT À TOUS CES EXTRATERRESTRES QUI NE CROIENT PAS AUX HUMAINS.

RONPICH

PAPI ?
PAPIII ?

TU ME SUIS ?
IL FAIT DÉJÀ NUIT ?
JE ME SUIS ASSOUPI COMBIEN DE TEMPS ?
BOH, TU SAIS...
... PENDANT QUE TU DORMAIS ON EST ENTRÉ EN CONTACT AVEC HUIT CIVILISATIONS EXTRATERRESTRES.
EXCELLENT.

TU M'EMMÈNES OÙ COMME ÇA ?
EH MAIS...!
RÉPONDS-MOI MAINTENANT !
POURQUOI M'AMÈNES-TU SUR LE TOIT ?

AAAAAAAAH
DES ALIENS

SURPRIIIIIIIISE
HEIN ?! MAIS DE QUOI ?
QUEL JOUR ON EST ?
COMMENT ÇA ? IL Y A QUELQUE CHOSE DE SPÉCIAL ?...
TILT
J'AVAIS COMPLÈTEMENT ZAPPÉ... AUJOURD'HUI C'EST MON...

JOYEUX ANNIVERSAIRE !
OOOOH LE BEAU GÂTEAU GALAXIE !
MAIS ATTENDEZ...
LES INGRÉDIENTS POUR CE GÂTEAU,...

... VOS MASQUES EN ALUMINIUM,...
... LES CÂBLES, LES GUIRLANDES,...
... C'EST LES COURSES QU'ON A FAITES AUJOURD'HUI.

LA SURPRISE A L'AIR D'AVOIR FONCTIONNÉ À MERVEILLE !
ON N'EN ESPÉRAIT PAS TANT.
JE N'AI RIEN VU VENIR ! J'ÉTAIS TROP OCCUPÉ À RÉPONDRE...
... AUX QUESTIONS DE...
MOUHAHAHA !
TU M'AS MANIPULÉ POUR M'EMPÊCHER D'Y VOIR CLAIR !
TU SAVAIS QUE L'ASTRONOMIE C'ÉTAIT MON TALON D'ACHILLE !
DONC TOUTE NOTRE CONVERSATION D'AUJOURD'HUI... ÇA N'ÉTAIT QUE... PUREMENT STRATÉGIQUE ?
MAIS NOOON PAPI ! ÇA M'INTÉRESSE VRAIMENT.
J'AI JUSTE MÊLÉ L'UTILE À L'AGRÉABLE.
UN VRAI PETIT GÉNIE DU MAL.

BON !...
... ON LE FÊTE CET ANNIVERSAIRE ?
LE GÂTEAU ME FAIT DE L'ŒIL DEPUIS TOUT À L'HEURE...

BIZ
MERCI POUR CETTE JOURNÉE MON PETIT ASTRE.
C'ÉTAIT LE MEILLEUR CADEAU QUE TU PUISSES ME FAIRE.

IL Y A QUELQUE CHOSE QUI NE VA PAS ?
NON... ÇA VA...
JE CROIS QUE JE SUIS JUSTE EN TRAIN DE DIGÉRER TOUT CE DONT ON A PARLÉ AUJOURD'HUI.
JE RÉALISE QU'ON EST SEUL FACE À TOUTES CES QUESTIONS, L'AVENIR DE L'HUMANITÉ, NOTRE PLACE DANS L'UNIVERS...
JE ME DEMANDE S'IL Y A QUELQUE PART D'AUTRES ESPÈCES INTELLIGENTES QUI FONT FACE AUX MÊMES INTERROGATIONS.

SONT-ILS AU COURANT DE NOTRE EXISTENCE ?
OU SONT-ILS EUX AUSSI FRUSTRÉS DE NE PAS AVOIR DE RÉPONSES ?
MÊME SI JE SUIS ENCORE JEUNE, J'AI BIEN L'IMPRESSION QUE MA PETITE VIE DE MORTELLE NE SERA PAS ASSEZ LONGUE POUR PERCER TOUS LES MYSTÈRES DE NOTRE UNIVERS.
COMME SI J'ÉTAIS ENFERMÉE DANS UNE COQUILLE QUI M'EMPÊCHE DE VOIR CE QUI EXISTE AUTOUR DE MOI.
POUR LA PLUPART DES GENS, ÇA FAIT PEUR TOUTE CETTE IMMENSITÉ.
POUR MA PART J'ÉPROUVE UNE SORTE DE DÉLICIEUX VERTIGE COSMIQUE À PENSER À CES ESPACES QUI NOUS DÉPASSENT...
... AUX INFINIES QUANTITÉS DE TEMPS QUI NOUS PRÉCÈDENT ET NOUS SUIVRONS.

LA BEAUTÉ DE LA CHOSE QUAND ON Y RÉFLECHIT, C'EST QUE CET ESPRIT QUI SEMBLE TE LIMITER...
... T'AS ÉGALEMENT PERMIS D'EXPLORER, PAR LA SEULE FORCE DE TA PENSÉE, DES ESPACES SANS LIMITES.
AUJOURD'HUI TU AS VOYAGÉ DANS L'ESPACE,...
... DANS LE TEMPS,...
... ET TU AS RENCONTRÉ BON NOMBRE D'ALIENS.
APRÈS, SI CE SILENCE TE DÉSESPÈRE, RAPPELLE TOI QUE LE FAIT QU'AUCUN EXTRATERRESTRE NE SE SOIT MANIFESTÉ NE SIGNIFIE AUCUNEMENT QU'ILS N'EXISTENT PAS.
PEUT-ÊTRE QU'UN JOUR LE GRAND SILENCE SE TRANSFORMERA EN BRUIT.

SOMMES-NOUS EXTRÊMEMENT RARES ?

ABSOLUMENT SEULS ?
CLAC

OU ENTOURÉS D'UNE FOULE D'AUTRES CIVILISATIONS AVEC QUI, POUR DE MULTIPLES RAISONS, AUCUN CANAL DE COMMUNICATION N'A ENCORE PU ÊTRE OUVERT ?

IMPOSSIBLE POUR L'HEURE DE TRANCHER.
PEUT-ÊTRE MÊME QU'ON NE LE SAURA JAMAIS.
MAIS LE PLUS VERTIGINEUX DANS TOUT ÇA, C'EST QUE, PARMI TOUTES CES HYPOTHÈSES, IL EST FORT PROBABLE QUE L'UNE D'ENTRE ELLES AU MINIMUM SOIT VRAIE.
POUF
UNE SEULE CHOSE EST CERTAINE, LE SIMPLE FAIT QUE NOUS PUISSIONS NOUS POSER CETTE QUESTION IMPLIQUE QU'UNE FOIS, AU MOINS...
... LA VIE A CRÉÉ UNE ESPÈCE INTELLIGENTE DÉSIREUSE DE SAVOIR SI LES AUTRES EXISTENT.

ALORS POURQUOI PAS AILLEURS ?

CE QUI EST ADMIRABLE,
CE N'EST PAS QUE LE CHAMP DES ÉTOILES SOIT SI VASTE,
C'EST QUE L'HOMME L'AIT MESURÉ.

ANATOLE FRANCE

Balade mentale et Hoobooh souhaitent remercier leurs copines respectives pour le soutien moral… et les fautes d'orthographe.

Leurs parents pour les avoir fait naître sur une planète habitable.

Les extraterrestres superprédateurs de ne pas encore nous avoir tiré dessus à coups de rayons.

Hoobooh souhaite aussi remercier ExtremelyRare pour l'avoir mis en lien avec les initiateurs de ce projet ainsi que pour l'effet «lueur externe» dans Photoshop.

Ce livre existe grâce au travail de toute une équipe.

Auteurs : Balade Mentale (scénario) et Hoobooh (dessin et scénario)

Directeurs de collection : Manor Askenazi et Louis Vendel

Communication : Caroline Babulle, Solveig de Plunkett, Victoire Brulon, Inès Paulin, Adélaïde Yvert.

Coordination administrative : Martine Rivierre.

Studio : Pascaline Bressan, Barbara Cassouto-Lhenry, Joël Renaudat, Lina Koreichi

Fabrication : Muriel Le Ménez, Céline Ducournau, Bernadette Cristini, Sophia Paroussoglou, Isabelle Goulhot.

Commercial, relation libraires et marketing : Catherine Lauprêtre, Naïma Ruan, Anne-Laure Heugel, Élise Iwasinta, Armand Jamme, Solenn Le Meur, Joséphine Saint-Paul, Aurélie Scart.

Cessions de droits : Elisabeth Stempak, Benita Edzard, Lucile Besse, Sonia Guerreiro, Costanza Corri.

Gestion : Sophie Veisseyre, Isabelle Déxès.

Ainsi que Gabriel Zafrani, Sophie Charnavel, Lucie Grandjean et toutes les équipes d'Interforum et d'Editis qui participent à la création, la diffusion et la distribution de ce livre.

ISBN : 978-2-221-27129-2
Dépôt légal : mars 2025
Éditions Robert Laffont - 92, avenue de France, 75013 Paris
servicesclients@lisez.com
N°éditeur : 67715/01
Imprimé en Espagne par Egedsa

Pour plus d'information :
#lisez! engagé
www.lisez.com
Imprimé sur du papier issu de forêts gérées durablement.